玩美 韩式裱花

王森 杨玲 / 编著

序言

近些年，韩式裱花在蛋糕界已经成为了一种新的装饰时尚，并迅速风靡，其精致的技术所带来的视觉盛宴，不但给蛋糕的整体加分不少，也为蛋糕口感增添了不一样的绝妙风味。

把一片片花瓣巧妙结合，把一朵朵花儿完美镶嵌，将美好与甜蜜结合，韩式裱花让蛋糕的幸福感与清新感都加倍呈现，那么，怎样才能做出集美味与美丽于一身的韩式裱花蛋糕？它的精髓之处又有哪些呢？别着急，本书将为大家一一解答。

本书产品的主要制作者是王森咖啡西点西餐学院的资深研发杨玲老师，她有着十几年的裱花经验，并出版相关书籍30余本。本次书中重点详述4种常见奶油霜的配方与制作过程，并带给大家近30款花卉的制作，除了文字详述之外，每一种都用详细的步骤图来记录花朵成形的全过程，让你置身于花的海洋的同时，也能掌握丰富的裱花技巧！另外，也有详细的花嘴型号的讲解。

除了花朵的详细介绍之外，本书还有组装蛋糕、3D卡通杯子蛋糕等的技法介绍。在书籍后面，我们附上了近40款超精美裱花大图，用镜头展现技法组装的独特美感，并与单品花朵相呼应，方便大家知识总结与构思扩展。

独具匠心的裱花技术，赋予了蛋糕更加绚丽多彩的生命力，用简单的技法拼接出艺术品的美感。来吧，让我们一起走进一个浪漫优雅的花花世界！

作者介绍

王 森

他被国家评为烘焙甜品教授，并享受国务院特殊津贴，被授予烘焙甜品大师称号，荣获国家一等功勋章。

他，被业界誉为圣手教父，弟子十万之众，残酷的魔鬼训练打造出世界级冠军。

他，是国内最高产的美食书作家，200多本美食书籍畅销国内外。

他，是跨界大咖，覆性的想象将绘画、舞蹈、美食完美结合的美食艺术家。

他被欧洲业界主流媒体称为中国的甜点魔术师，是首位加入Prosper Montagne美食俱乐部的中国人。

他联手300多位国际顶级名厨成立上海名厨交流中心，一直致力于推动行业赛事挖掘国内精英人才。

他就是亚洲咖啡西点杂志、王森美食文创研发中心创始人、王森国际烘焙咖啡西餐学院创始人——王森。

杨 玲

杨玲，高级蛋糕设计师。多次获得国际蛋糕比赛金奖，2009年研发出面包吐司画，获得世界吉尼斯纪录官方认证；2012年参与上海世博园巧克力开心乐园作品设计及制作，且作品"紫禁城"获得世界吉尼斯纪录官方认证。著有《翻糖饼干》《甜美梦幻婚礼翻糖蛋糕》《王森蛋糕装饰》《王森蛋糕大全》《手工巧克力》《王森艺术面包》等书。授业解惑，深受学生喜爱，并一直潜心研发，通过多年的不懈努力，在蛋糕裱花技术领域不断开拓创新，在业内广受好评。

目录

叁·组装蛋糕

肆·精美作品赏析

壹

1

韩式裱花

理论基础

制作裱花蛋糕的常用工具

裱花剪刀②

制作奶油霜花专用。因刚做好的奶油霜花朵比较软，或大的花朵底座比较大，该剪刀前端有一个凸出的圆形结构，刚好能托住花朵，使花朵更容易从裱花钉上取下来。

裱花剪刀①

组装整合蛋糕时使用。因剪刀尖端比较细，组装时不容易有太多接口或碰触别的花，避免蛋糕中出现毛糙点。

花钉①

此款是组装型花钉。圆形底托可与花钉棒分开。方便携带，塑料材质。

花钉②

此款是一体式花钉，圆形底托不可装卸。不锈钢材质。

抹刀

用于奶油霜抹面。

毛刷

用来涂抹糖浆或者蛋液等。

网架

用来放置烤好的蛋糕，使其冷却，更好散热。

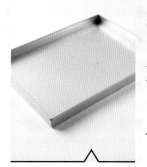

烘焙专用手套

用于取刚出炉的烤盘，防止手被烫伤。

平角抹刀

适用于抹面，或把成品蛋糕从转盘上取下来。

烤盘

用于盛放蛋糕坯或做好的奶油霜花朵。

剪刀

用于剪裱花袋。

电子称

用于称量材料。

调色碗

奶油霜需调颜色，调色碗为必备品。

红外线测温仪

用来测量浆料温度。

糖锅

用于制作奶油馅料、酱汁、熬糖浆等。

削皮器

用于削皮、削丝。蛋糕坯中需要加柠檬皮或胡萝卜丝等原料时会用到。

锯齿刀

用来切割蛋糕坯，做出想要的造型。

电动打蛋机

用来搅打少量奶油霜或蛋液。

手动搅拌球

用于搅拌材料，打少量的蛋糊、蛋液等。需用手工搅打。

网筛

用于粉类材料或者液体材料的过筛。

桌式搅拌机

用于制作奶油霜。

叶状打蛋拍

需安装在搅拌机上使用，用于拍打搅拌面糊。

刮片 / 橡皮刮刀

用来混拌材料，也可以用来刮除粘在搅拌盆上的面糊、奶油等。

电磁炉

用来加热浆料、煮制泡芙面糊或者熬煮糖浆等。

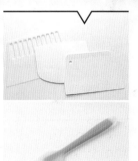

蛋糕模

烘烤蛋糕的模具，有不同大小的尺寸。

制作裱花蛋糕的常用花嘴

转换头

需放在裱花袋中，方便替换花嘴。

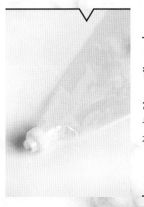

弯花嘴①

常见的有 122K 号、121K 号花嘴，可用来做大的芍药花，或类似此类花瓣的花。

弯花嘴②

61 号花嘴，可用来裱制小苍兰或小芍药花，做出的花瓣有弧形，呈饱满状。

U 型花嘴

81 号花嘴，常用于裱制菊花类的花瓣，或花朵的花蕊。

直花嘴组合

101 号、102 号、103 号、104 号花嘴，用于裱制玫瑰、雏菊、五瓣花、毛茛、蓝盆花、绣球花、英式玫瑰、奥斯丁玫瑰等相似的花瓣。

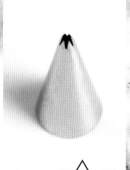

直花嘴

125K 号花嘴，做出的花瓣大且薄，经常用于裱制英式玫瑰、康乃馨等。

101 号
102 号
103 号
104 号

圆锯齿花嘴

用于裱制蛋糕的花边、贝壳、花朵的花蕊等。

圆嘴组合

常见的有 1 号、2 号、3 号、4 号花嘴，用于裱制花边、花蕊、果子等各种圆球状。

叶子花嘴

352 号花嘴，可用于裱制百合花，或各种叶子。

扁锯齿花嘴

用于裱制蛋糕的花边、花篮的纹理等。

V 型花嘴

用于裱制尖状的花瓣，比如向日葵、大丽花、树叶等。

多孔花嘴

用于裱制奶油霜蛋糕上的小草、藤条、花朵的花蕊等。

　　制作奶油霜蛋糕时，如选用海绵或戚风蛋糕体，因这两种蛋糕坯弹性大，没有承重力，只能用植脂或动物脂奶油抹面，且蛋糕表面的装饰只能用少量的奶油霜，否则蛋糕就很容易被压变形，故一般不使用这两类蛋糕体。奶油霜比较重，一般会选择有一定承重量的重油蛋糕体或杯子蛋糕来制作奶油霜蛋糕。这样出来的作品外观很有立体感，不容易变形，效果最佳。

奶油霜蛋糕坯制作

坚果蛋糕

6寸

配方

鸡蛋	4 个	糖	125 克
胡萝卜	100 克	香草精	2 克
核桃	40 克	盐	2 克
低筋面粉	160 克	油	120 克
泡打粉	3 克	可可粉	20 克

制作步骤

1. 鸡蛋和糖用手动搅拌球搅拌均匀,至糖化。

2. 隔水加热至 40℃,放进搅拌机中快速搅拌。

小贴士

1. 核桃需提前烘烤，备用。
2. 搅拌手法以翻拌的方式，搅拌时间越短越好，以免起筋。
3. 用平炉烘烤蛋糕比较好，蛋糕表面不会太干。

3. 加入香草精，搅拌均匀。

4. 打发至浓稠浆糊状，体积是原来体积的 1.5 倍。此时其状态为面糊，舀起后下降速度缓慢。

5. 加入盐及提前过筛的低筋面粉、泡打粉，需分三次加入，用橡皮刮刀以翻拌的方式进行搅拌。

6. 可可粉加入到面糊中，用橡皮刮刀翻拌均匀。

7. 胡萝卜切碎，去水。核桃擀碎。胡萝卜碎、核桃碎与油一起混合均匀，加入面糊中用橡皮刮刀翻拌均匀。

8. 注模至七分满，以上火 170℃、下火 150℃，烘烤 30 分钟即可。

蜂巢蛋糕

21个

配方

水	190克
绵糖	165克
炼乳	185克
蜂蜜	80克
色拉油	165克
鸡蛋	3个
低筋面粉	112克
小苏打	6克

制作步骤

1. 将水和绵糖煮开，冷却至30℃。（图1）
2. 加入炼乳、蜂蜜、色拉油、鸡蛋用电动打蛋器搅拌均匀。（图2、图3）

3. 将过筛的低筋面粉、小苏打加入搅拌均匀，至无颗粒状。（图4）

4. 将冷却的糖水加入，边加入边搅拌，搅拌均匀后，在常温下松弛30~35分钟。（图5）

5. 用量杯将面糊倒入模具内八分满。（图6）

6. 以上下火210℃/160℃烘烤20分钟，出炉冷却即可。（图7）

常用奶油霜的制作方法

法式奶油霜

特点：香甜，顺滑细腻，口感最好。

扫码看视频

配方		调味料	
韩国白黄油	500 克	香草精	适量
细砂糖	200 克	柠檬汁	适量
牛奶	60 克	香橙萃取精华	适量
蛋黄	6 个		
柠檬汁	5 克		

制作步骤

1. 将细砂糖与蛋黄混合，用手动搅拌球搅拌均匀，至蛋黄发白。（图1）
2. 将牛奶加热煮沸（图2），冲入蛋黄中，边混合边用手动搅拌球搅拌（图3）。再进行回温，继续加热至80℃。
3. 将加热好的步骤2的材料隔冷水进行降温。（图4）

4. 将韩国白黄油用搅拌机进行打发。（图5）

5. 将降温后的步骤3的材料分次加入到打发好的韩国白黄油中，搅拌均匀。（图6）

6. 加入柠檬汁和其他的调味料，搅打至顺滑即可。（图7）

美式奶油霜

特点：口感介于法式与意式奶油霜之间，香甜轻盈，顺滑细腻。

配方		调味料	
韩国白黄油	500 克	香草精	适量
韩国幼砂糖	200 克	柠檬汁	适量
全蛋	4 个	香橙萃取精华	适量
柠檬汁	5 克		

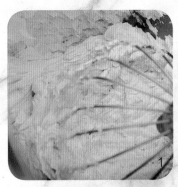

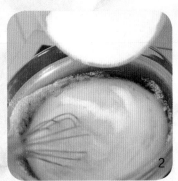

制作步骤

1. 韩国白油室温软化，用搅拌机搅打至顺滑。（图 1）

2. 全蛋打入碗中，加入幼砂糖，搅打均匀即可，不需要打发。（图 2）

3. 烧开一锅水，把装有蛋糊的小碗架空于锅上面（不要让小碗底部碰到热水）利用蒸汽加热，边加热边搅拌，温度达到 70℃，离火。（图 3）

4. 立即用搅拌机以高速搅拌蛋黄糊约 5 分钟，使其降温（蛋黄糊颜色会变浅）。（图 4）

5. 蛋黄糊温凉后，加入打发的韩国白黄油，继续搅打，直至均匀顺滑。蛋黄糊不能太热，否则会使白黄油化开。（图 5）

6. 加入柠檬汁和其他的调味料，搅打至顺滑即可。（图 6）

意式奶油霜

特点：更加轻盈，口感也会薄一些，适合亚洲人口味，更适合裱花，容易上色。

扫码看视频

配方

韩国幼砂糖	400 克	水	100 克
韩国白黄油	900 克	盐	5 克
蛋清	290 克（约 10 个）	柠檬汁	10 克量

制作步骤

1. 把 300 克幼砂糖和 5 克盐加入 100 克水中，放入熬糖锅中，熬煮至 118℃。（图 1）

2. 蛋清放入搅拌机中快速打发至呈白色泡沫状，再分次加入 100 克幼砂糖继续打发至硬性发泡。（图 2、图 3）

3. 将煮好的糖水立即倒入蛋白中，高速继续打发，使其降温，蛋白霜打好后，由高速转变为中速接着再调为慢速打发一会儿，减少气泡。（图 4）

4. 加入白黄油到蛋白霜中搅拌，搅拌均匀后加入柠檬汁，搅打至顺滑状即可。如打发过程出现明显的水油分离状态，不必担心，直接继续打发至顺滑即可。（图 5、图 6）

英式奶油霜

配方

韩国白油	500 克
糖粉	500 克
牛奶	60~100 克
柠檬汁	10 克

制作步骤

准备：韩国白黄油室温软化，切成小块备用。

1. 糖粉过筛，分次加入白黄油中，每次搅打之前，用橡皮刮刀先稍拌糖粉与白黄油，以免糖粉飞溅。（图1）
2. 加入牛奶搅打均匀。（图2）
3. 加入柠檬汁搅打至顺滑即可。（图3）

奶油霜的保存

制作时，如有剩余奶油霜，需用保鲜膜密封，放进冰箱冷藏保存，可保存5天左右。建议根据需要调整制作奶油霜的用量，最好当天使用完毕，以确保奶油霜的最佳口感。

冷藏后的奶油霜状态较硬，再使用时，要提前从冰箱里拿出进行回温，用打蛋机搅打至奶油霜顺滑，再进行操作。

奶油霜也可放冷冻室保存，再使用时，要提前拿出来自然回温，回温所需时间较久。但请不要用微波炉进行加热，因稍微掌握不好加热时间及温度，奶油霜就会呈现融化出水的现象，将无法使用。

其中意式奶油霜回温后搅打时，因为温差的原因，会出现水油分离的状态，尤其是天气热的时候，水油分离的情况会更为严重。出现这种现象，需要继续搅打，将搅打时间稍微加长，至蛋白霜变得均匀顺滑为止。

用奶油霜装饰的蛋糕放在冰箱里冷藏时，整体会变硬，但口感在食用的时候依然入口即化。

奶油霜的软硬度调节

在室温25℃左右时，奶油霜很容易融化变软，不易操作，因为不管哪种奶油霜，都是以白黄油为基底的，尤其是动物黄油，极易融化。为预防奶油霜融化，需要准备一盆冰水，有冰块更好，将奶油霜隔冰水静置，以缓解奶油霜的受热融化速度。

另外，裱花操作时可以带手套，防止手心的温度把奶油霜变软，不成形，也可以把手放冰水中降温。如果裱花过程中，已经调好颜色的奶油霜变软，不能操作，可放入冰箱冷藏，使其稍微变硬再拿出来操作。

冬天使用奶油霜，会出现太硬挤不动的现象，无法操作。可以取温水，以隔水加热的方法软化，或放打蛋桶里，一边搅打一边加热桶壁，使奶油霜软化，直至其顺滑，方便操作为止。

我们生活在一个充满色彩的世界，色彩一直刺激着我们的视觉器官，带有色彩的作品也往往给人的第一印象最深。在认识色彩前，首先我们要先建立一种观念，即要想了解色彩、认识色彩，便要用心去感受生活，留意生活中的色彩，否则容易变成一个对色彩视而不见的"色盲"。色彩就像是我们的味觉。一样的材料，因使用了不同的调味料我们可以吃出不同的味道。一样的材料，赋予其不同的色彩，给我们的感受也不相同。成功的美食令人百吃不厌，失败的食物往往让人难以下咽，而色彩对生理与心理都有重大的影响，因此色彩对于美食来说很重要。

奶油霜的调色技巧

其实调色不是一项多么神秘的技巧，只要熟练掌握调配各种颜色的规律，加上一定的经验，就可以调出自己想要的颜色。

针对色素调色，需要知道色彩的三个属性。

1.色相：除了黑、白、灰三色，其他颜色都有自己的色相。

红　橙　黄　绿　蓝　靛　紫

2.明度：是指色彩的明亮程度，相同色相可有不同的明度，不同色相也可呈现不同的明度。一种颜色有多明亮或暗淡，取决于它离白色有多近或多远，如：浅蓝、蓝和深蓝是同一色彩的不同明度的表现。

藏蓝　群青　深蓝　中蓝　海蓝　天蓝　浅蓝

3.纯度：是指颜色的鲜艳程度，颜色越鲜艳，纯度就越高，颜色越浑浊，纯度越低。提高纯度的方法：（1）加入纯度高的颜色；（2）选用同色相中纯度高的颜色。降低纯度的方法：（1）加入同色系中纯度低的颜色；（2）加入黑色或棕色；（3）所调颜色的互补色。

100%　80%　60%　40%　20%　10%　5%

认识12色相环。

调色最重要的工具就是色相环，在色相环上看一下各种颜色的顺序，你将看到，三原色——红、黄、蓝，它们是不能由其他颜色调配的基本色。还有三个二次色（间色）——橙、紫、绿，是由两个原色等量混合的颜色红加黄变橙，红加蓝变紫，黄加蓝变绿。三次色（复色）——蓝绿、蓝紫、红紫、红橙、黄绿、黄橙，是由原色及二次色混合的颜色，根据色相环中不同位置，可以看出它们的不同特性及相互间的影响。在色相环中相对位置的两种颜色是互补色，互补色可以降低色彩的饱和度。饱和度是指色彩的纯度，不能将它理解成颜色的明和暗，它指的是颜色的浓或浅。

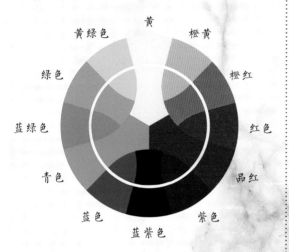

奶油霜的色彩搭配技巧

色彩的关系。三原色作为基础色，可以调出绝大部分颜色，间色与间色相调会变成灰色。但灰色都应该是有色彩倾向的，譬如蓝灰、紫灰、黄灰等。主要看色相环中的位置，互补色在相反的方向，对应的互补色能用来弱化颜色，降低饱和度，使之看起来更柔和。相邻的颜色可以很好地过渡。

色彩的分类。

无彩色 ┤ 黑色 / 白色 / 灰色

有彩色 ┤ 暖色：黄、黄橙、橙、红橙、红。 / 冷色：绿、蓝绿、蓝、蓝紫、紫。 / 中性色：黄绿、棕、红紫。

冷色与暖色是让人分别能感觉到凉爽与温暖的颜色。实际上每种颜色都有冷暖之分，加入蓝色就会变冷色，加入黄色就会变暖色。

色调的分类。

色调即色彩的基调，色调不同，传达的感情色彩不同。

基本分类：纯色色调、明色色调、淡色色调、浊色色调、淡浊色色调、暗色色调。在纯色中不断地加入白色、灰色、黑色就会形成不同的色调。

配色可算得上考验制作者能力的验金石。配色做得好，能赋予蛋糕新的生命，让它表达出制作者的心情，从而吸引别人的注意，让人感觉蛋糕是会说话的。这就是为什么有的蛋糕造型精美却让人感觉平淡无奇，有的蛋糕稍有瑕疵却能惊艳全场的原因。选择合适的颜色，能够引起人类情感的强烈共鸣，从而营造出适合各种场合的氛围，例如柔和、中性色调的婚礼蛋糕，鲜艳有趣的明亮色调的蛋糕，都能给不同的场合增添一抹亮色。

使用不同色调的颜色，会给人完全不同的感受。有色彩设计的蛋糕会留给人更恒久的回味，让主题更明确。

（1）互补色搭配：如红和绿，紫和黄，蓝和橙。

（2）同类色搭配：同种颜色，不同明度搭配。

（3）相邻色：在色相环中，左邻右舍搭配。

（4）类似色搭配：色相中每相连的三个颜色搭配。

调色三部曲：

（1）确定所调颜色的色相，确定色素型号。

（2）确定所要调的色彩明度，颜色深浅，再确定色素用量。

（3）确定所调颜色的纯度。确定颜色本身是否需要降纯，是否需要加入其他色素来降纯或提高纯度。

调色需要慢慢积累经验，一开始可以试着自己练习。由于每种品牌的色素纯度各不相同，调色的色素并没有一个确定的量可以参考，很多时候只能依据使用情况摸索。培养自己对色彩的感觉（即色感）。建议新手无需买太多颜色，约12种色足够，且每次调色时，色素加入需少量多次加，可以用牙签沾色素，一点点地加入。而且每次调色时，先取少量的奶油霜，不要用太多，防止颜色调太深，如果一次失误，过量使用奶油霜，有可能造成很多浪费。使用少量奶油霜调和，如果觉得深，可以减掉一些，然后再次加入白色奶油霜稀释，继续加色调和。

若分别把染成红色、蓝色、绿色，或者是紫色的奶油霜装在裱花袋里或是一个小碗里，过了短短半小时左右，这些颜色就会自己变深了。如果变深的颜色看起来不太好，只需要把它倒回小碗里，再加入一点点奶油霜，搅匀即可变回原来的样子。

调色时，奶油霜的温度要回至室温。这样，颜色才能更好地融合。

常用调色方案

基础色系

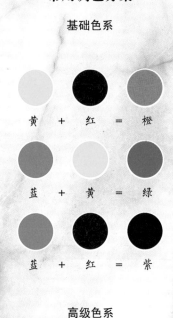

黄　＋　红　＝　橙

蓝　＋　黄　＝　绿

蓝　＋　红　＝　紫

高级色系

（主）　　（次）

黄　　＋　　绿　　＝　　浅绿

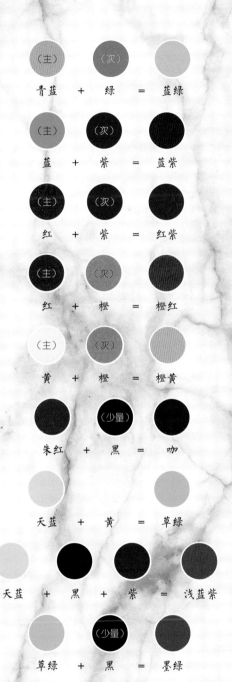

青蓝　＋　绿　＝　蓝绿

蓝　＋　紫　＝　蓝紫

红　＋　紫　＝　红紫

红　＋　橙　＝　橙红

黄　＋　橙　＝　橙黄

朱红　＋　黑　＝　咖

天蓝　＋　黄　＝　草绿

天蓝　＋　黑　＋　紫　＝　浅蓝紫

草绿　＋　黑　＝　墨绿

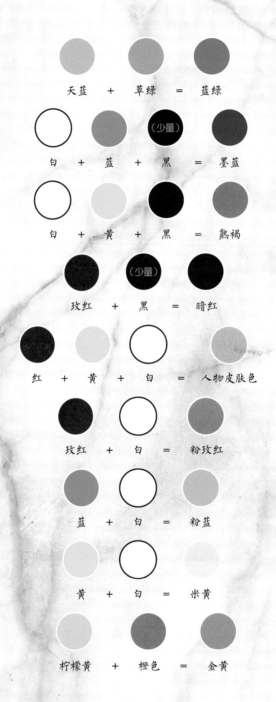

天蓝 + 草绿 = 蓝绿

白 + 蓝 + 黑（少量） = 墨蓝

白 + 黄 + 黑 = 熟褐

玫红 + 黑（少量） = 暗红

红 + 黄 + 白 = 人物皮肤色

玫红 + 白 = 粉玫红

蓝 + 白 = 粉蓝

黄 + 白 = 米黄

柠檬黄 + 橙色 = 金黄

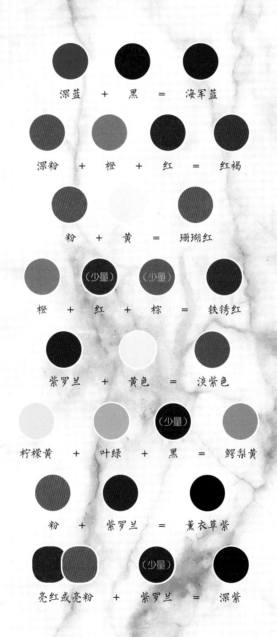

深蓝 ＋ 黑 ＝ 海军蓝

深粉 ＋ 橙 ＋ 红 ＝ 红褐

粉 ＋ 黄 ＝ 珊瑚红

橙 ＋ 红（少量） ＋ 棕（少量） ＝ 铁锈红

紫罗兰 ＋ 黄色 ＝ 淡紫色

柠檬黄 ＋ 叶绿 ＋ 黑（少量） ＝ 鳄梨黄

粉 ＋ 紫罗兰 ＝ 薰衣草紫

亮红或亮粉 ＋ 紫罗兰（少量） ＝ 深紫

直面抹面技巧

制作步骤

1. 把烤好的 8 寸蛋糕坯修去直角边，以便于抹面。

2. 将细锯齿刀与转台平行，一只手压住蛋糕坯，另一只手前后抽动锯齿刀，把蛋糕坯锯成两等份。用力要均匀，才能使切出的表面没有大颗粒的蛋糕屑。

3. 把淡奶油涂抹在蛋糕中心，用 8 寸抹刀从中心开始向四周刮匀奶油，不要涂得太厚，只要把蛋糕坯盖住即可。

4. 在涂好奶油的蛋糕上挤果粒果酱或是放上新鲜的水果片（水果要选水分少的，否则水分会渗入蛋糕坯而影响口感），用抹刀把果酱涂开，注意不要把整个面上都涂满了果酱，涂到离边缘 2 厘米即可，这样第 2 层坯子放上去，就不会把果酱压得露出蛋糕侧面。

5. 涂好果酱后把第2层坯子放上去，放时两手拿住两边，从蛋糕的一边开始放下去。如果是14寸的坯子，就要用双手托住蛋糕的中心处再放下去。

6. 放好坯子后，用双手将蛋糕坯向外拉或是向里推，使其侧边对齐，最后要轻压一下蛋糕坯，使其粘合得更好些。

7. 涂淡奶油，将奶油堆在蛋糕的中央，淡奶油的量是蛋糕体积的一半。

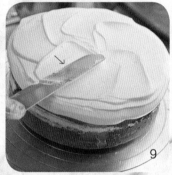

8. 将刀放在蛋糕的中心点上，先用刀的前端压一下鲜奶油，使其向四周扩开，再以中心点为圆心，在原地用均匀的力度把奶油涂抹开。

9. 要想把奶油推平，就得学会左右推刀的技巧，即每推一刀，推出约4厘米时就要回刀一次，回2厘米。这个动作是边转转盘边做的动作，所以两手的协调力要很强。抹到这一步看看图10的效果，如果与之一样，就说明技巧是对的。

10. 待顶部奶油抹到超出蛋糕直径2厘米时，即可抹侧面。

11. 抹侧面时，先把顶部多出来的奶油向下推，再用刀挑着奶油在侧面涂抹，侧面涂奶油时也要用左右推刀的技巧，方法与顶部一样。

12. 说到抹侧面就需要讲一下抹面的站姿，姿势不对很难抹得好。正确的站姿是腿分开与肩同宽。转盘要离身体10~15厘米远，左手放在转盘的4点钟位置，始终保持不变，只用中指去转转盘即可。右手拿刀，刀放在6点到7点钟的位置保持不变，左右手始终保持这个位置。变的只有转盘的转速，还有刀的力度。

13. 将侧面抹到高出顶部 2 厘米即可。

14. 用粗锯齿刀垂直于面刮出纹路，有了纹路，蛋糕的装饰感才更强。

15. 用抹刀把高起的奶油分多次将其刮平。注意，刀与蛋糕面的角小于 30° 最好。

16. 最后一刀带平时，刀的起点由后向前一次带平，带到距蛋糕边缘 2 厘米处时就不要再抹了，此时刀要从右侧横向移开，这样就不会出现力道过于集中而使奶油由于受压向外露出的情况。

奶油霜蛋糕的构图

构图是在设计的基础上，再对食物造型的整体进行制作。对于初学者来说，想要拥有设计的能力，对图案、造型的用料、色彩、形状大小、位置分配等内容的安排和调整，都需进行详细了解。

构图在整个蛋糕造型艺术中是一门重要的基础知识，它广泛存在于工作的实践中。每个蛋糕的艺术造型、布局等都离不开构图原理和技法。

构图的方法有多种。如平行垂直构图，平行水平线构图，十字对角构图，三角形构图，对角线、螺旋线、S形等各种形式线的综合运用，都以不同的形式美给人以艺术的享受。

首先，要知道蛋糕的用途，给什么样的人，然后我们可以分别以花卉、动物、造型或色彩来确定主题。

我们将布局分为以下四个方式：对称式，合围式，对应式，呼应式。

> **对称式**
>
> 是裱花蛋糕最基础的构图方式，易造型，程序化，多运用重复的手法，比如局部重复或整体重复。装饰类蛋糕应用相同的配件，若搭配得当，可形成单纯的图案、优美的线条，和较强整体的节奏感，但若搭配不当，易造成蛋糕构图呆板。

合围式

多运用于弧形蛋糕，大面积的构图。摆放花朵时，都会由整个弧形的中间向两边摆放，由大到小，让人感觉有延伸感。

对应式：运用大面积的对称式和主体形成对比效应，讲究色与色、细节与细节之间的对比关系，使主体更加突出。利用细节构成的简易呼应关系，以及参差错落的局部设计手法，来营造简洁醒目主体对比搭配的韵律感，及简洁的层次空间感。这种构图方式一般花环型蛋糕或造型类蛋糕使用的居多。

呼应式： 从外观讲呼应式是最随意的布局方式，但也是四种构图方式中最难处理的，它要求裱花师做到疏而不漏的形式美。呼应式的细节构成，相互之间要有关联，宾主穿插，虚实相生，疏密有别，有藏有露，要做到"齐而不齐，乱而不乱"方能达到顾盼呼应的联系，达到协调配合、增加情趣的目的。呼应的表现方式是多方位的，它不限于在细节构成上，在颜色意向上也可存在，产生呼应关系。

对称式讲究数量和颜色的和谐；合围式讲究摆放的错落感觉；对应式讲究主体颜色的对比关系；呼应式讲究相互关联，疏与密的对立与统一，取得呼应协调的彼此之间的关系，使之配合默契，达到呼应式的形式美。

五瓣花

扫码看视频

裱花嘴：2 号、104 号

2 号平面图

2 号俯视图

104 号平面图

104 号俯视图

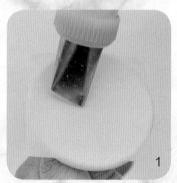

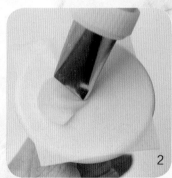

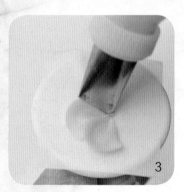

1

2

3

制作步骤

1. 将 104 号花嘴薄头向上，倾斜贴着花钉，微向上翘起 10~20°。
（图 1）

2. 左手不断转动花钉，右手挤出奶油，挤和转的速度要协调，花嘴
收尾时，花嘴角度略高，于起步时角度。（图 2）

3. 制作第二片花瓣起步时，花嘴要位于第一片收尾时的位置，花嘴
角度要略低于第一片收尾时角度，制作第二片时要注意与第一片花
瓣大小一致，同时也要注意收尾时角度略高。（图 3）

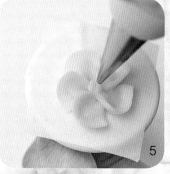

4. 花嘴角度变化要一致，这样才能整体美观，特别要注意收尾时角度要略高，以免碰到下一个花瓣。（图 4）

5. 做好五片花瓣后，用 2 号花嘴挤出黄色奶油做出花蕊。（图 5）

6. 每片花瓣大小一致，花心分布均匀，即完成。（图 6）

向日葵

扫码看视频

裱花嘴：2 号、352 号

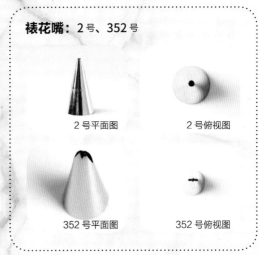

2 号平面图　　　　2 号俯视图

352 号平面图　　　352 号俯视图

1

2

制作步骤

1. 在蛋糕上做一个凹形底座。（图 1）
2. 调深咖啡色奶油，用 2 号圆形花嘴挤出花心。（图 2）

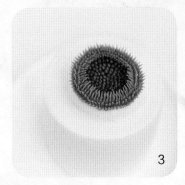
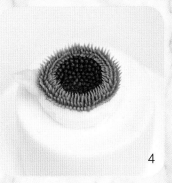

3

4

5

贴士

花蕊可做简单型或复杂型。简单型可放奥利奥小饼干代替花蕊；复杂型，需要做出点状花蕊，和细小的花蕊。花瓣做两层即可，大小一致，排列整齐，第二层花瓣与第一层花瓣错开排列。

3. 用装有棕色奶油的裱花袋，拔出三层或四层的花蕊。（图3）

4. 将352号叶子花嘴贴着花蕊，40°角拔出花瓣。（图4）

5. 第一层花瓣倾斜向外翘起，第二层花瓣是在第一层两片花瓣之间拔出，形成交错重叠，两层花瓣长度相同，高度一致，即完成。（图5）

小野花

制作步骤

1. 将103号花嘴大头倾斜贴于花钉上，右手挤奶油，左手转动花钉。在挤花瓣时，要尽量控制将花瓣做小一些；收尾时，花嘴要立起，不挤出奶油，向下拿开花嘴。整个花瓣呈扇形。（图1~图2）

2. 挤第二片花瓣时要尽量保持与第一片大小一致，向下每挤一片，都需以前一片为标准进行操作。每片花瓣根部需在一起，沿着花钉制作一圈花瓣，一圈花瓣做完，中间部分是空的，作为第二层花瓣的位置。（图 3~图 7）

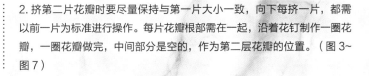

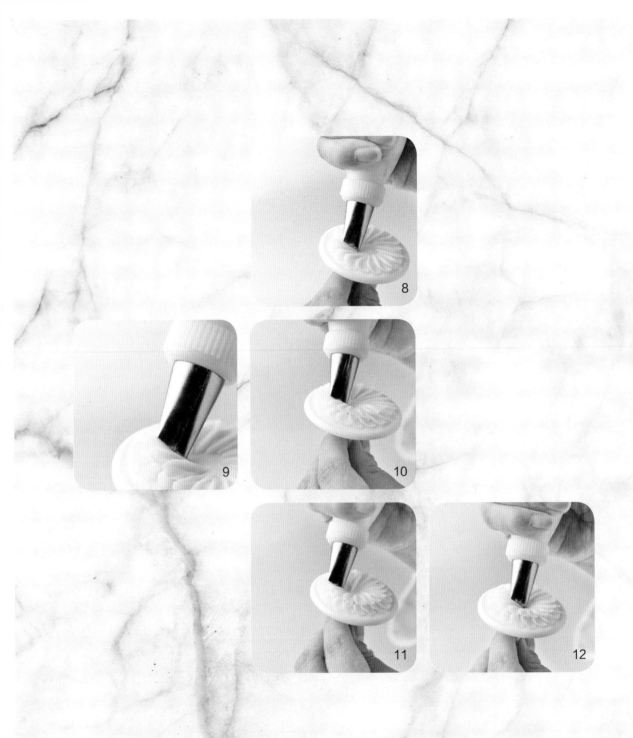

3. 第二层花瓣是从第一层花瓣两片中间开始做，形成交错重叠，需注意最后一片花瓣应与其他花瓣的间距统一。（图8~图12）

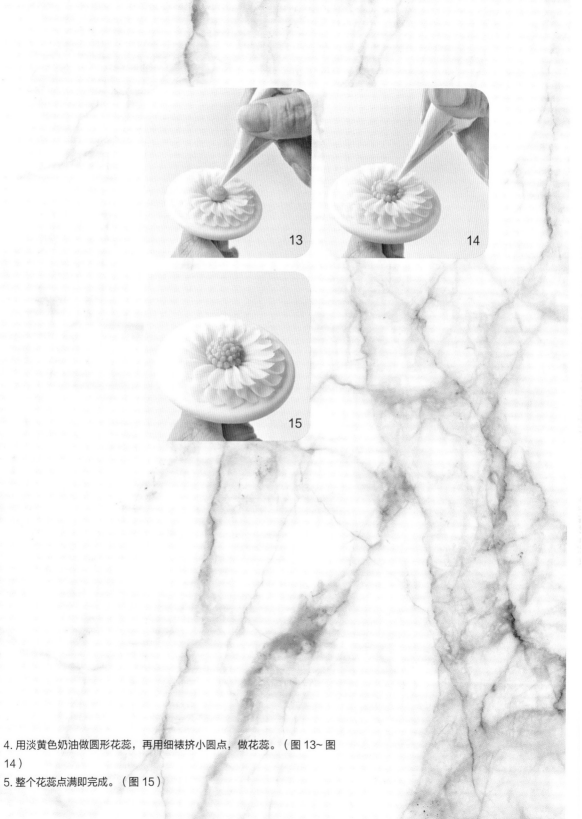

4. 用淡黄色奶油做圆形花蕊，再用细裱挤小圆点，做花蕊。（图 13~ 图 14）

5. 整个花蕊点满即完成。（图 15）

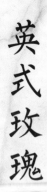

英式玫瑰 1

裱花嘴：125 号

125 号平面图　　　　125 号俯视图

1

2

3

4

制作步骤

1. 用 125 号花嘴大头挤出奶油，进行反复折叠，累计一定高度，作为花朵的支撑。（图 1）

2. 花嘴垂直于支撑中间，一边挤奶油一边左右摆动，形成自然的褶皱。（图 2）

3. 褶皱无需规则，每做一片花瓣底端呈弧形，上端花瓣褶皱重叠。（图 3）

贴士

用康乃馨花的手法做花蕊，玫瑰手法做花瓣。

4. 围绕花蕊，以圆形做花瓣。花瓣呈不规则状，越向外层做，花嘴角度就越低。（图4、图5）

5. 花嘴尖端向下，围绕花蕊做弧形花瓣，第二片花瓣是从第一片花瓣三分之一处做起，一层需做五片花瓣包住花蕊。（图6~图8）

6. 第二层花瓣交错重叠于第一层花瓣接口处，整朵花的外层花瓣可以做两到三层。（图10）

英式玫瑰 2

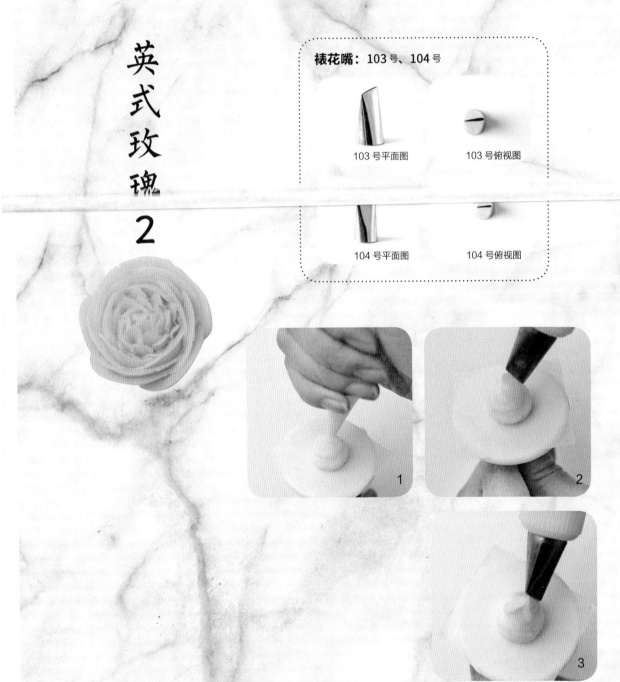

裱花嘴： 103 号、104 号

103 号平面图　　　　103 号俯视图

104 号平面图　　　　104 号俯视图

1

2

3

制作步骤

1. 在花钉上挤小圆锥体，作为花的底座。（图 1）

2. 将 103 号花嘴尖端向下，由下向上拔出带尖的花瓣，且倾斜贴着锥形底座，花瓣形状呈菱形，做出五片花瓣把桩包住。（图 2~图 4）

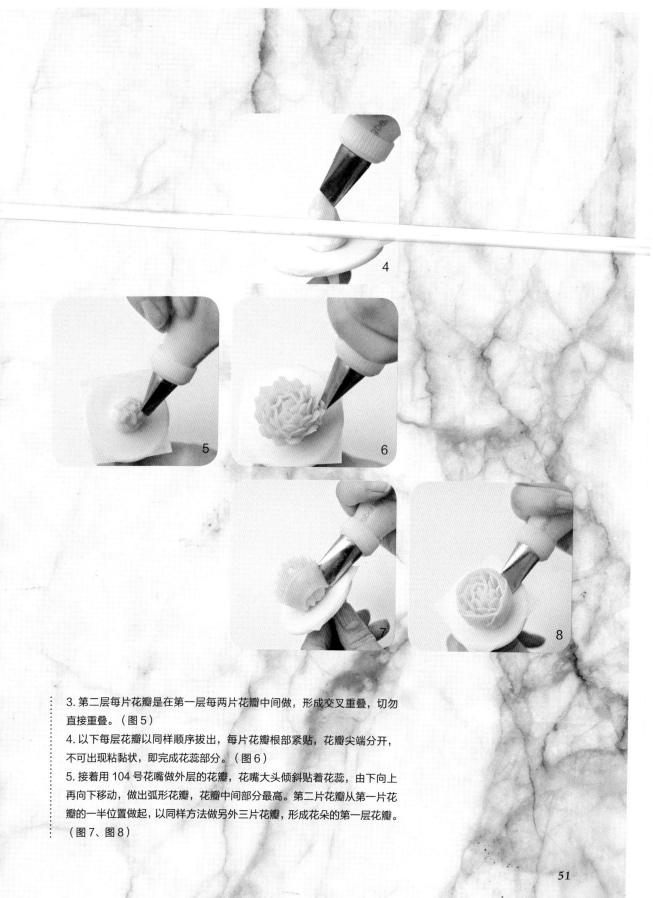

3. 第二层每片花瓣是在第一层每两片花瓣中间做，形成交叉重叠，切勿直接重叠。（图5）

4. 以下每层花瓣以同样顺序拔出，每片花瓣根部紧贴，花瓣尖端分开，不可出现粘黏状，即完成花蕊部分。（图6）

5. 接着用104号花嘴做外层的花瓣，花嘴大头倾斜贴着花蕊，由下向上再向下移动，做出弧形花瓣，花瓣中间部分最高。第二片花瓣从第一片花瓣的一半位置做起，以同样方法做另外三片花瓣，形成花朵的第一层花瓣。（图7、图8）

6. 接着做第二层花瓣，每片花瓣需盖住第一层花瓣的接口，而且第二
层花瓣要高于第一层花瓣。同样以交错重叠的方法做第三层花瓣，但
这层花瓣需比前一层花瓣矮，制作花瓣时，花嘴角度也需向外打开些。
（图9~图12）

绣球花（单朵）

裱花嘴： 2号、103号

2号平面图

2号俯视图

103号平面图

103号俯视图

1

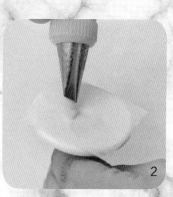

2

3

制作步骤

1.103号花嘴大头倾斜于花钉。（图1）

2.挤出底端宽、上端尖的花瓣，花瓣有一半翘起一半贴着花钉。（图2、图3）

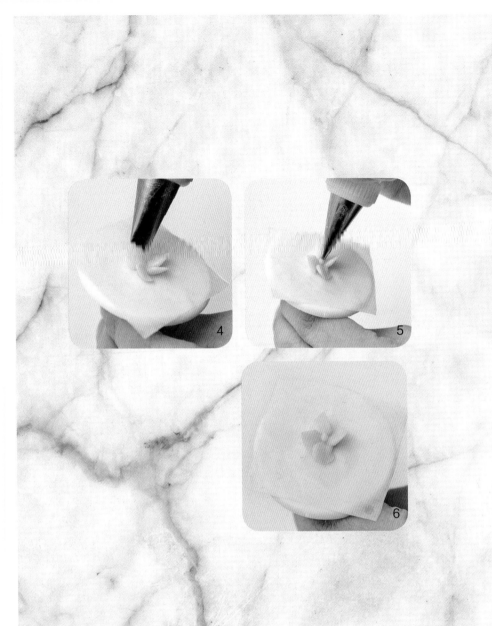

3. 在第一片花瓣翘起的部分后端，做下一片花瓣，以同样方法做出其余花瓣，每片花瓣角度不同。（图4）

4. 在花瓣中间用2号圆花嘴挤小圆球做花蕊即成。（图5、图6）

裱花嘴：2 号、103 号

2 号平面图

2 号俯视图

103 号平面图

103 号俯视图

绣球花

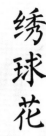

1

2

3

制作步骤

1. 在花钉上挤一个大球，作为绣球花的底座。（图 1）

2. 在大球顶端用 2 号圆花嘴挤出没有盛开的花蕊，花蕊做多些或少些均可。
（图 2、图 3）

55

3. 在花蕊底端，103号花嘴大头倾斜拔出花瓣，四片一朵。（图4~图6）

4. 把大球侧面做满花瓣，需注意花瓣角度。（图7、图8）

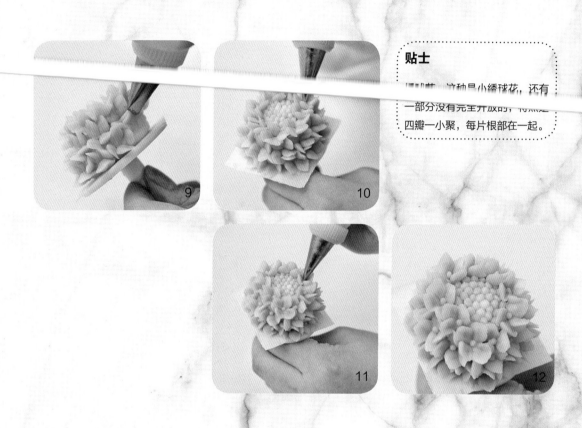

5. 最底端的一圈小花，可以把花稍微倾斜做花瓣。（图9）

6. 用2号圆花嘴，在每四片花瓣的中间挤上小圆球花蕊，使整朵花由很多朵小花组成。（图10~图12）

罂粟花

裱花嘴：104号

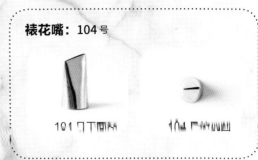

101号花嘴

104号花嘴

1

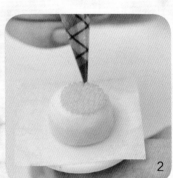

2

3

制作步骤

1. 挤圆球作底座支撑。（图1）

2. 用裹有黄色奶油的细裱；挤圆点作为花蕊。（图2）

3. 用104号花嘴大头贴底座外端，挤出较小的花瓣，一高一低错开来挤，挤满底座一圈。（图3）

4. 将花嘴放置在第一层花瓣的根部，向外倾斜 45°，做法与第一层手法
相同，挤出第二层。（图 4）

5. 用牙签对花瓣进行修饰，将花瓣的边缘中心挑开，使花瓣呈现小而多
的不规则齿状感。（图 5）

6. 做好的罂粟花花朵两层要层次分明，花瓣呈现不规则的凌乱状。（图 6）

郁金香1

裱花嘴：104 号

122 号平面图 　　　122 号俯视图

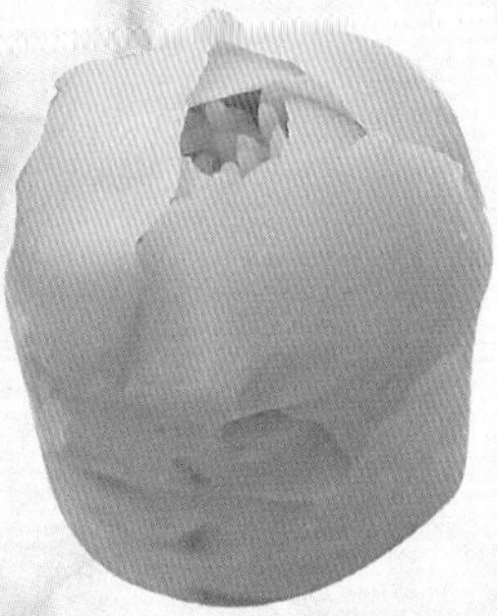

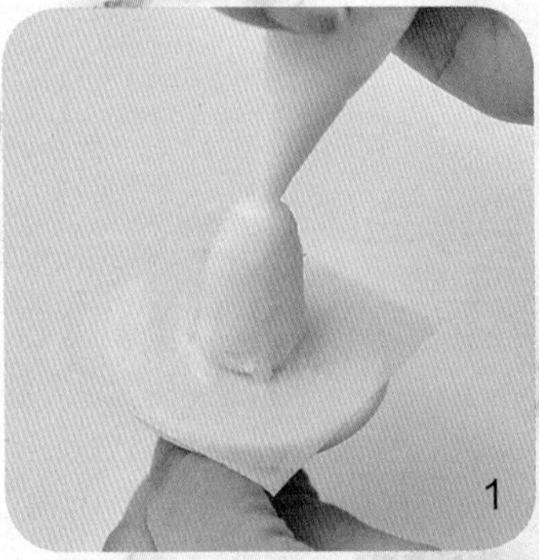

1

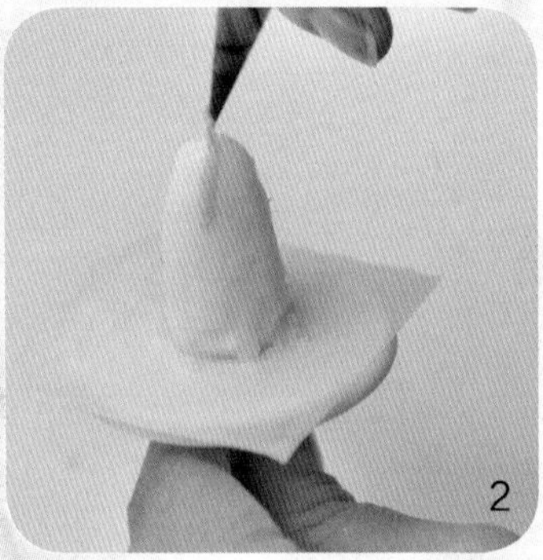

2

3

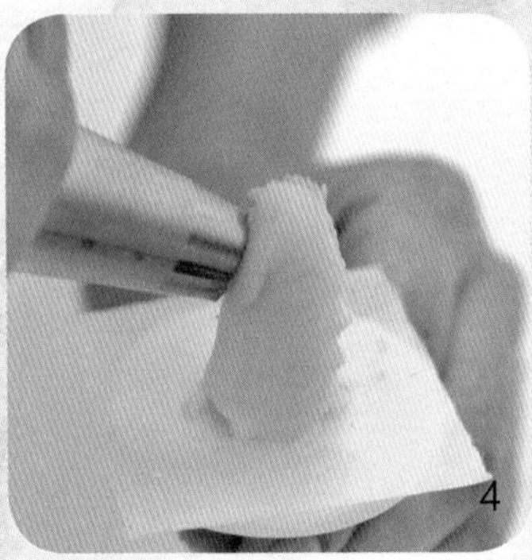

4

制作步骤

1. 在花钉上做一个比较高的圆柱体，大约高度在 4-5 厘米，做成支撑。
（图 1）
2. 在圆柱体顶端，用裹有黄色奶油的细裱拔出黄色花蕊。（图 2、图 3）

3. 将122号花嘴凹面向内弧面向外覆在支撑上，由下向上，再向下带出勾，
使花瓣上端呈弧形。（图4、图5）

4. 同样做另外两片，第一层共做三片，把花心包住。（图6）

5. 第二层和第一层花瓣做法相同，在第一层两片中间做第二层花瓣，形
成交错重叠。（图7～图9）

郁金香 2

裱花嘴：104 号

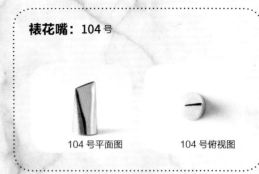

104 号平面图　　　104 号俯视图

制作步骤

1. 在花钉上做一个比较高的圆柱体，高度为 4~5 厘米，做成支撑。（图 1）

2. 将 122 号花嘴凹面向内弧面向外覆在支撑上，花嘴由下向上，再向下带出勾，使花瓣上端呈弧形。（图 2、图 3）

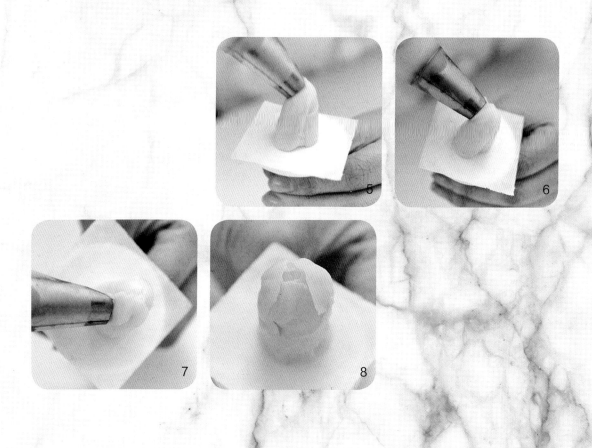

3. 同样做另外两片，第一层共做三片，把花心包住。（图4、图5）

4. 第二层和第一层花瓣做法相同，在第一层两片中间做第二层花瓣，形成交错重叠。（图6~图8）

奥斯丁玫瑰

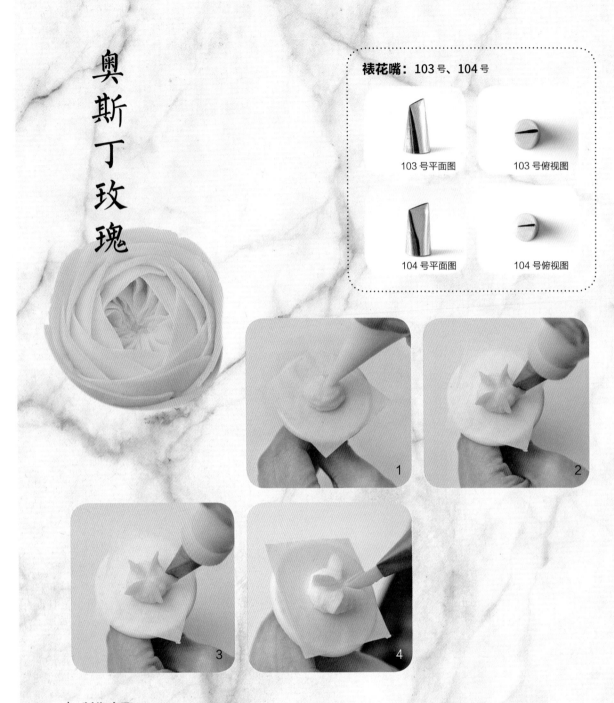

制作步骤

1. 在花钉上挤一个圆球作为花的底座，起到支撑的作用。（图1）

2. 103号花嘴尖端向下窄头朝外，用垂直的角度在底座上拔出五片花瓣，呈五角星状，作花蕊。（图2）

3. 103号花嘴以同样角度，在两片花瓣中间，贴着其中一片，呈U形把花瓣包住，紧贴U形花瓣再拔出一个短花瓣。（图3~图6）

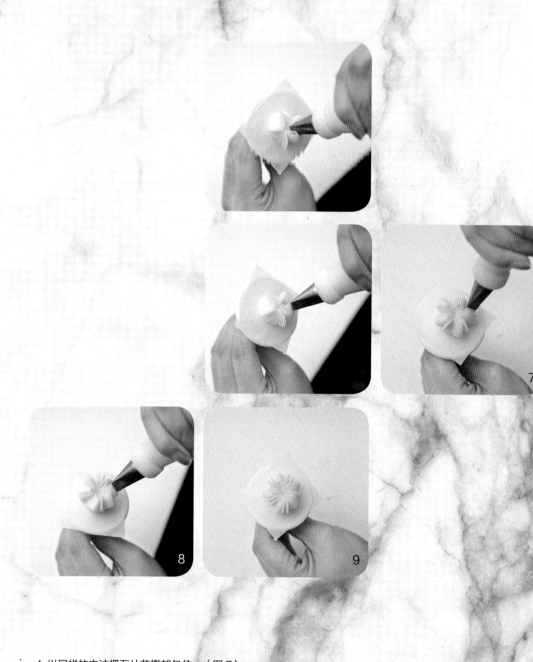

4. 以同样的方法把五片花瓣都包住。（图7）

5. 在短花瓣旁边再拔出一个平行花瓣，以给人花瓣数量很多、花蕊比较密集的感觉。（图8、图9）

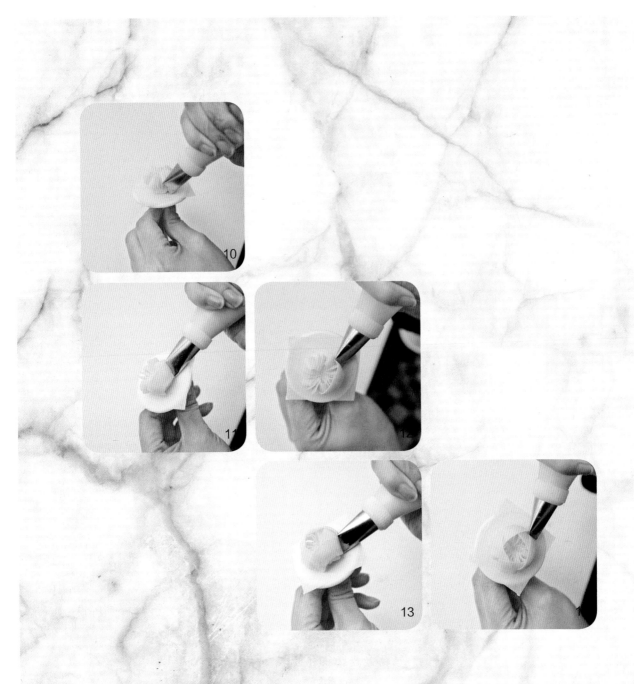

6. 换 104 号花嘴，花嘴口部宽头朝下窄头朝上，倾斜于花心侧面。如图 10。

7. 拉出弧形花瓣，花瓣中间略高于花蕊，第二片花瓣是从第一片花瓣后端一半或三分之一处开始，以同样方法做出其他花瓣。（图 11~ 图 13）

8. 第一层共做五瓣，包住花蕊部分。（图 14）

9. 第二层花瓣包住第一层花瓣接口处，长度相同，高度一致，做完第二
层花瓣，每层花瓣收尾时，花嘴呈斜角。（图15~图17）
10. 外围花瓣可以做两层或三层，即完成。（图18）

苍兰

扫码看视频

裱花嘴：2号、61号

2号平面图　　2号俯视图

61号平面图　　61号俯视图

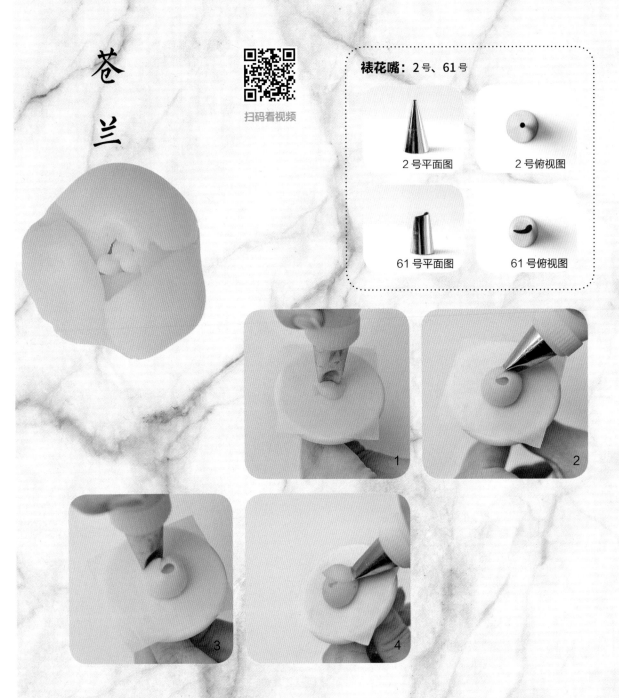

1　2　3　4

制作步骤

1. 花嘴垂直在花钉上挤少量奶油，作支撑。（图1）

2. 61号花嘴口部窄头朝上宽头朝下垂直贴在支撑底座上，围绕支撑奶油一圈，做出花心。（图2）

3. 花嘴口部凹面贴于花心底边，宽头向内窄头向外，围绕花心做出弧形花瓣，收尾时花嘴凹面向下。（图3、图4）

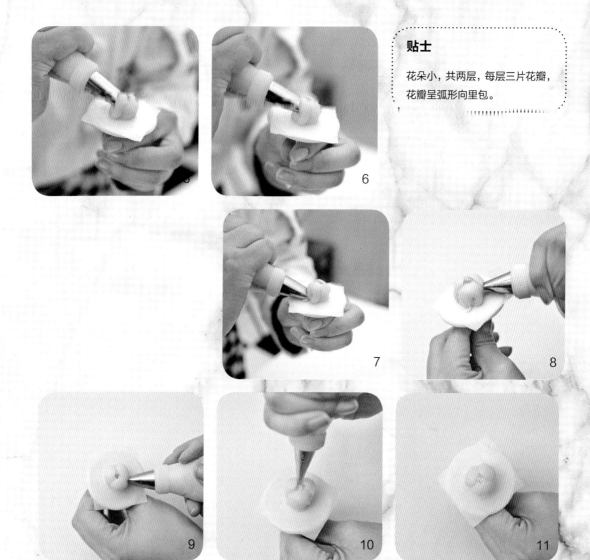

贴士

花朵小，共两层，每层三片花瓣，花瓣呈弧形向里包。

4. 做出第二、第三片花瓣，花瓣之间无需重叠，顶端需留有一些空隙。（图 5~图 7）

5. 在第一层两片花瓣中间做第二层的花瓣，形成交错重叠状，第二层共三片花瓣。（图 8~图 9）

6. 用 2 号圆花嘴挤出花蕊。（图 10）

7. 苍兰完成图。（图 11）

荷兰菊

裱花嘴：81号

81号平面图　　81号俯视图

制作步骤

1. 在花钉上挤白色圆球，偏扁一些。（图1）

2. 用黄色奶油细裱拔出花蕊。花蕊每根均需垂直向上，一根贴着一根，层次分明，拔满整个白色球。（图2~图5）

3. 把81号花嘴凹槽面面向花心，花嘴根部贴着花心根部，向上拔出花瓣，花瓣根部略粗些，否则花瓣会倒掉，如图6。

贴士

花蕊中间略高，花蕊很细，向中间靠拢。外侧花瓣做两到三层即可，但每层花瓣高度需一致，不能出现长短不一的情况。

5

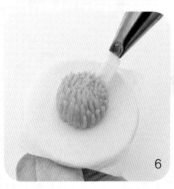

6

7

8

9

10

4. 围绕花蕊用同样方法拔一圈，花瓣长度要相等。（图7）

5. 在第一层花瓣两片中间，分别拔出第二层花瓣，交错重叠，花瓣向外打开。（图8）

6. 整朵花可以做两层或三层花瓣，做法一样，但花瓣每层需交错重叠，角度分别向外打开。（图9）

7. 荷兰菊完成图。（图10）

德甘菊

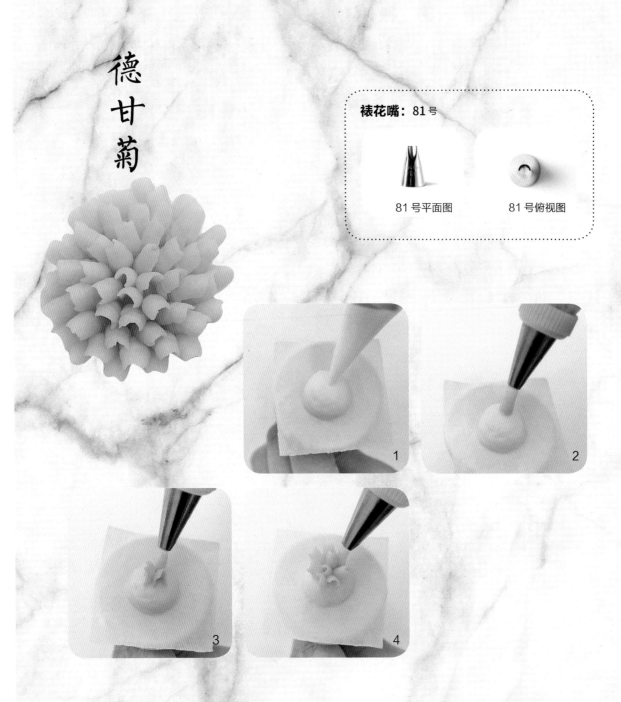

裱花嘴：81 号

81 号平面图　　　81 号俯视图

制作步骤

1. 裱花袋垂直，在花钉上挤圆球，作为花朵支撑。（图 1）

2. 81 号花嘴弧形向外凹面向内，在支撑上拔出花瓣，花瓣长约 2 厘米，如图 2。

3. 花蕊处的花瓣三片相对。（图 3）

4. 第二层花瓣围绕花蕊拔一圈。（图 4）

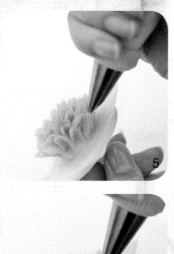

贴士

制作该花时，81 号花嘴按照挤菊花手法使用，但花嘴需反着角度制作。

5. 以下每层花瓣以同样方法拔出，每层花瓣分别向外倾斜 15° 角。（图5~图7）

6. 做好德甘菊整朵花呈圆形，花瓣交错重叠。（图8）

73

菊花

扫码看视频

裱花嘴：81号

81号平面图　　　　81号俯视图

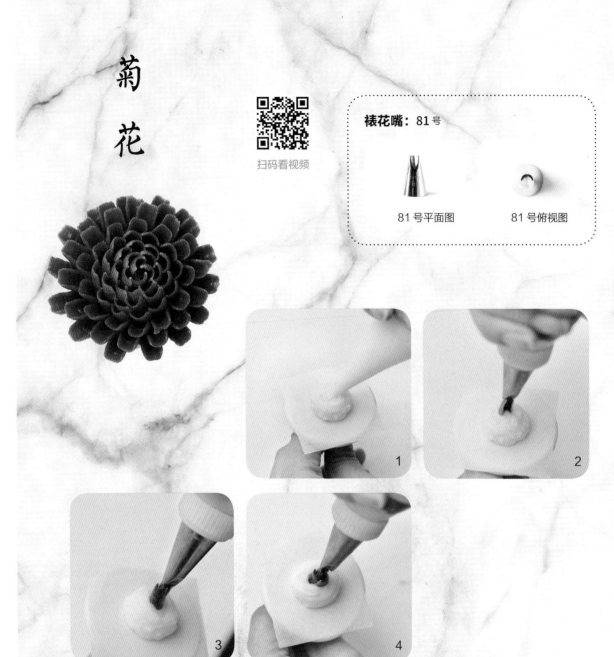

1

2

3

4

制作步骤

1. 在花钉上挤一个圆球，将81号花嘴凹面向内弧面向外在圆球上垂直拔出花瓣。（图1~图3）

2. 第三片花瓣从第二片花瓣中间拔出，形成旋转状花蕊。（图4）

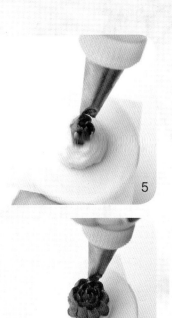

贴士

注意花蕊要包紧，每层花瓣交错重叠，长度一致，切勿长短不一。

3. 紧贴着花蕊侧面接口处拔第一层花瓣。（图5）

4. 以同样的方法拔其他层，每一层花瓣高度相同，交错重叠。（图6、图7）

5. 每层花瓣角度分别向外倾斜 15° 角。（图8、图9）

6. 做好的菊花整朵花呈圆形。（图10）

野菊花

扫码看视频

裱花嘴：103 号

103 号平面图　　　　103 号俯视图

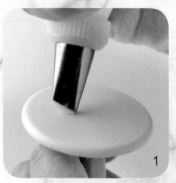

制作步骤

1. 将先将 103 号花嘴口部倾斜，并使宽头朝内窄头朝外贴于花钉上，右手挤奶油，左手转动花钉。在挤花瓣时，要尽量控制将花瓣做小一些；收尾时，花嘴要立起，不挤出奶油，向下拿开花嘴。整个花瓣呈扇形。（图 1、图 2）

2. 挤第二片花瓣时要尽量保持与第一片大小一致，向下每挤一片，都需以前一片为标准进行操作。每片花瓣根部需在一起。（图 3、图 4）

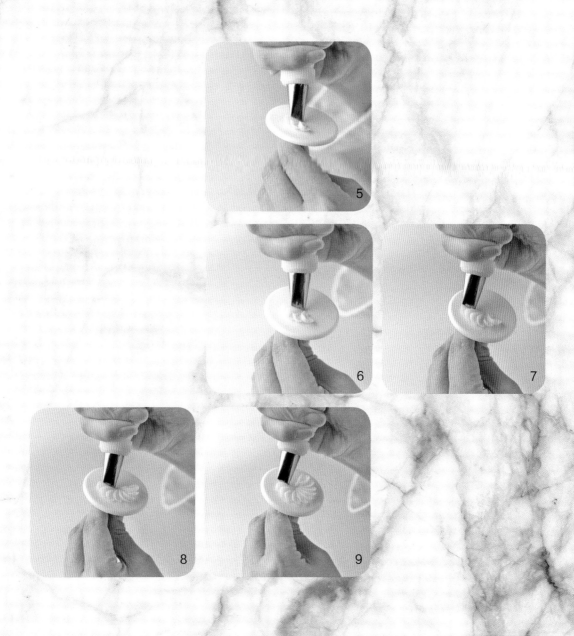

3.沿着花钉制作一圈花瓣,需注意最后一片花瓣应与其他花瓣的间距统一。
(图5~图11)

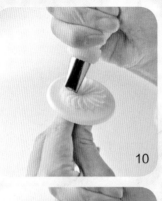

10

11

12

13

贴士

花朵一定要做圆，每片花瓣都要均匀排列，两手搭配协调，一只手挤奶油霜，另一只手匀速转动裱花钉，如转动过快或过慢，都会导致花朵不圆。

4. 用淡黄色奶油做圆形花蕊。（图 12）

5. 整朵花完成。（图 13）

裱花嘴：103号

103号平面图　　　103号俯视图

大丽花

1

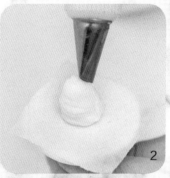
2

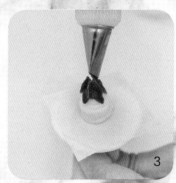
3

4

制作步骤

1. 在花钉上用白色奶油挤一个锥形的底座。（图1）

2.103号花嘴口部倾斜贴着锥形底座，宽头朝下窄头朝上，挤出奶油。花瓣形状呈菱形，五片花瓣把花蕊包住。（图2、图3）。

3. 第二层每片花瓣是在第一层每两片花瓣中间挤出，形成交叉重叠，切勿直接重叠。（图4~图7）

4. 以下每层花瓣以同样顺序拔出，每片花瓣根部紧贴，花瓣尖端分开，不可出现粘黏状。（图8~图10）

10

11

12

32

14

5. 每层花瓣尖端打开的角度不一样，越向外层，花嘴越倾斜，花瓣就越开。
（图11、图12）

6. 完整的花从侧面看呈半圆形，花朵的大小根据花瓣的层次来确定。（图
13、图14）

番红花

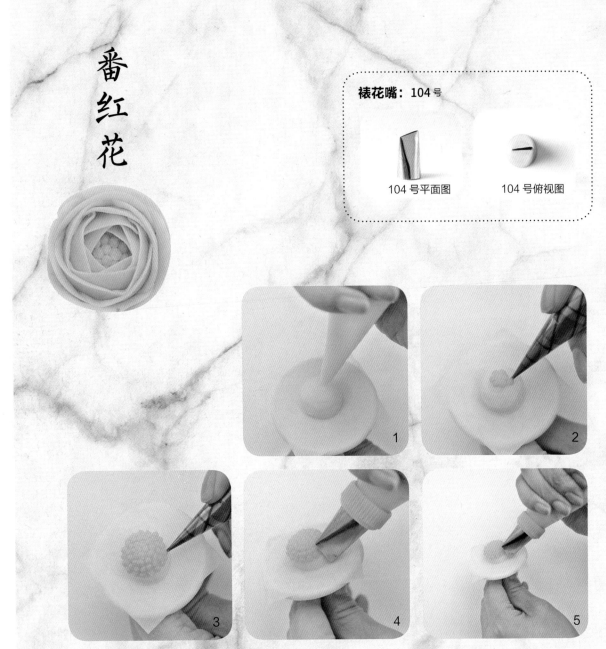

制作步骤

1. 在花钉上以裱花袋挤白色圆球作为花蕊底座。（图1）

2. 在圆球上用细裱袋做出橙黄色花蕊，做至白色底座的三分之二位置。
（图2、图3）

3. 104 号花嘴的口部宽头朝下窄头朝上倾斜贴着花心底座，由下向上再
向下做出弧形花瓣，包住花蕊高度三分之一部分。（图4~ 图6）

6

7

贴士

这朵花和奥斯丁外层花瓣一样，长且呈弧形，但花瓣一定要比花蕊高。

8

9

10

11

12

4. 第二片花瓣从第一片花瓣一半处开始做起，同样方法做其他两片。四片花瓣把花蕊包住，统一高度。（图7）

5. 在第一层花瓣交接口处，做第二层花瓣的第一片，以同样重叠的方法，做完第二层所有花瓣，且第二层比第一层花瓣略高一点。（图8、图9）

6. 第三层也是在前一层花瓣交接口处开始做起，但第三层花瓣要比第二层略短一些，呈现盛开花朵的状态，完整的花朵可以做三或四层花瓣。（图10、图11）

7. 做好的番红花。（图12）

芙蓉花

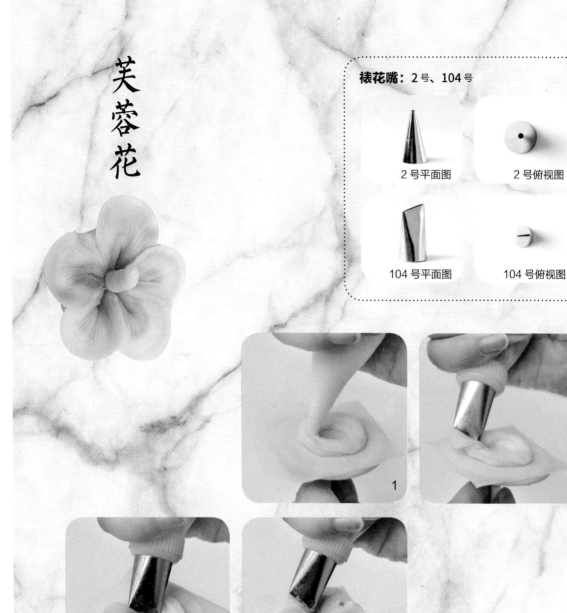

裱花嘴：2号、104号

2号平面图　　2号俯视图

104号平面图　　104号俯视图

制作步骤

1. 在花钉上挤一个圆圈，作为花的支撑。（图1）

2. 104号花嘴口部宽头朝内窄头朝外倾斜放于圆圈内侧。（图2）

3. 花嘴一边挤奶油一边抖动，使每片花瓣上呈现纹路，花瓣呈n型。（图3）

4. 一朵花一共五片花瓣，做法相同。（图4、图5）

5. 用2号圆嘴做出芙蓉花的花蕊，呈橄榄形。（图6）

6. 完成后的形状。（图7、图8）

蝴蝶兰

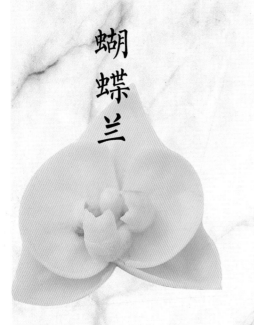

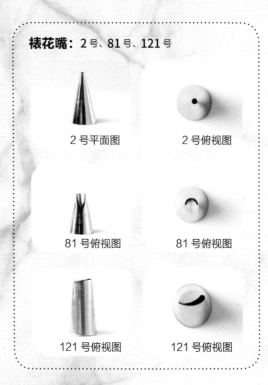

裱花嘴: 2号、81号、121号

2号平面图　　2号俯视图

81号俯视图　　81号俯视图

121号俯视图　　121号俯视图

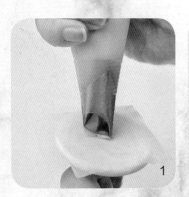

1

2

制作步骤

1.121号花嘴口部宽头向内窄头向外倾斜，拉半弧，中间停顿一下，不断开，紧接着向下拉出另一半的弧形。整个花瓣呈叶子形。（图1~图3）

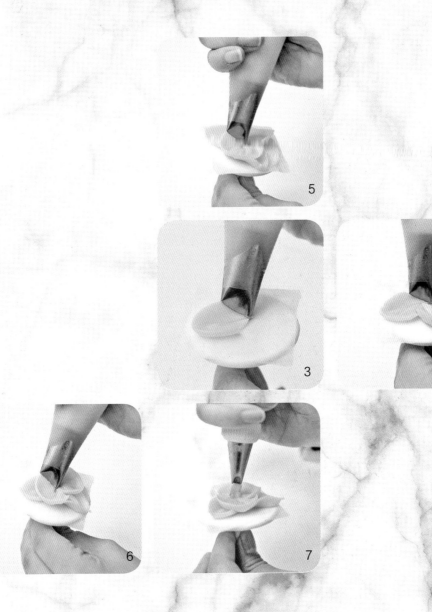

2. 同样方法做第二、三瓣花瓣。第一层的三片花瓣呈三角形状分布。（图4）

3. 第二层花瓣呈半圆形，在第一层两片花瓣中间位置重叠。（图5）

4. 做同样半圆形花瓣与前一片半圆形花瓣对称。（图6）

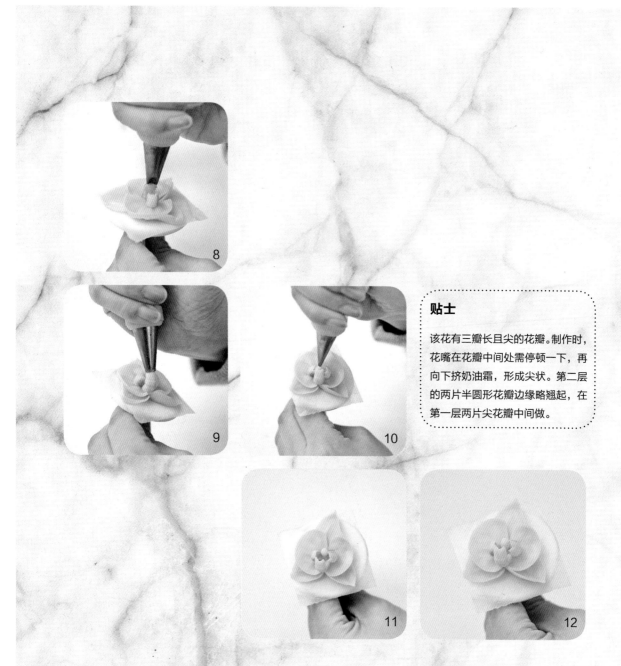

5. 81 号花嘴凹面向左拔出花蕊，再将凹面向右对称拔出花蕊，最后将花嘴口部凹面向内弧面向外在对称花蕊的旁边拉出一个比较长的花蕊。（图7~图9）

6. 用 2 号花嘴装黄色奶油垂直拔出细长型的雄蕊，即完成。（图10~图12）

裱花嘴： 125 号

125 号平面图

125 号俯视图

扫码看视频

1

2

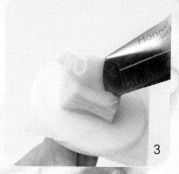

3

制作步骤

1. 用 125 号花嘴垂直于裱花钉，挤出奶油折叠五次，形成方形，作花的底座。（图 1）

2. 花嘴口部宽头向下窄头向上垂直于底座，花嘴边挤奶油边左右摆动，做出褶皱。（图 3、图 4）

3. 制作褶皱无需规则。每做一片花瓣底端呈弧形，上端花瓣褶皱重叠。（图 4、图5）

4. 围绕花蕊，按圆形形状做花瓣。（图6）

5. 不规则的花瓣，越向外层做，花嘴角度就越低。（图7）

6. 整朵花呈圆形，中心位置最高；从侧面看，花呈半圆形。（图8）

7. 用牙签把花朵边缘调尖。（图 9、图 10）

8. 康乃馨完成图。（图 11）

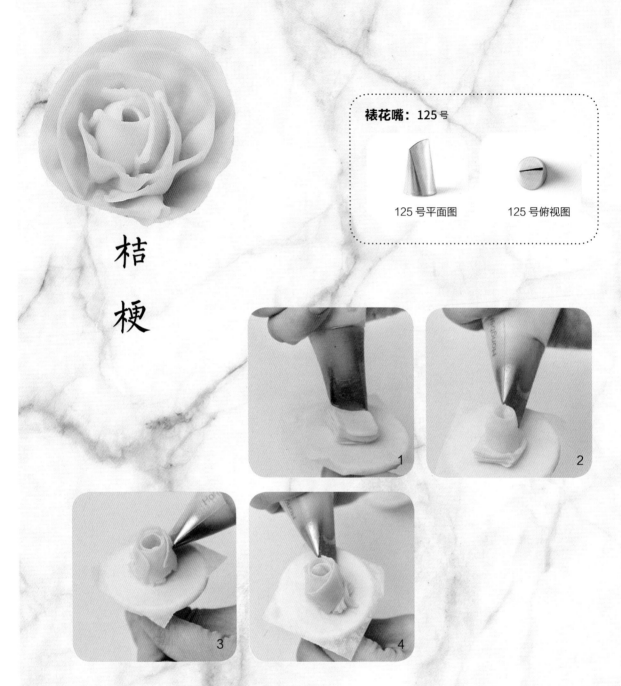

裱花嘴：125号

125号平面图　　　125号俯视图

制作步骤

1. 取 125 号花嘴，垂直于裱花钉，挤少量奶油作支撑。（图 1）

2. 花嘴口部宽头朝下窄头朝上垂直，围绕支撑绕一圈。（图 2）

3. 在接口处，花嘴口部宽头在下窄头倾斜在上倾斜挤出弓形花瓣，两片对称做完第一层花瓣。（图 3、图 4）

5

贴士

该花形似玫瑰花型，但每片花瓣都有褶皱。边制作边左右晃动花嘴，可形成褶皱纹路。

6

7

8

4. 第二层做两片或三片花瓣都可以，但是花瓣需带褶皱，边挤奶油边左右摆动，花嘴最尖端不变。（图5、图6）

5. 同样方法做外边一层，花瓣向外打开，花嘴角度也随之向外倾斜。（图7）

6. 桔梗完成图。（图8）

93

蓝盆花

裱花嘴：125 号

125 号平面图　　　125 号俯视图

制作步骤

1. 将 104 号花嘴口部宽头向内窄头向内倾斜放在花钉上，以 3 字形做花瓣，中间长两边短，一边挤奶油一边转动花钉。（图 1）

2. 在做完第一片花瓣后，以同样的方法做出其他花瓣。（图 2~图 4）

3. 第一层花瓣最后结尾时注意花嘴角度。花嘴偏垂直些，防止碰到第一片花瓣。（图5）

4. 做第二层花瓣方法相同，但是交错重叠。第二层花瓣比第一层稍微短一点。（图6、图7）

9

贴士

花瓣褶皱较多且是有规律的，两长一短型。

10

11

5. 将 81 号花嘴凹面向内弧面向外，在中心处向上拔出花心。（图 8、图 9）

6. 用裱花袋盛装绿色奶油，做出花蕊。（图 10）

7. 蓝盆花完成图。（图 11）

扫码看视频

牡丹花

裱花嘴： 104 号

104 号平面图

104 号俯视图

1

2

3

4

制作步骤

1. 挤一个圆圈作为花的底座。（图1）

2. 将104号花嘴口部宽头向内窄头向外，放在底座圆圈边缘，微向外翘起20°左右，上下抖动挤出扇形花瓣，六片为一层。（图2~图5）

3. 将花嘴放置在第一层花瓣交错处的根部，倾斜 30~40°，抖动挤出第二层花瓣。这层花瓣需要与第一层花瓣大小相同。（图6、图7）

4. 把花嘴放置第二层花瓣的根部，立起 80~90°，抖动挤出第三层花瓣，花瓣需小于前两层，挤第三层时，需要在花蕊部位留出足够的空间，使花蕊部分凹进去。（图8~图10）

贴士

这是简易牡丹，制作较为简单，共三层，交错重叠，花蕊做得密集一些即可。

5. 用 2 号圆花嘴拔出黄色花蕊。（图 11）

6. 整体牡丹花必须呈三层，花形圆润，每层之间应有立体感，花瓣有一定翘度，方才美观。（图 12）

毛茛花

扫码看视频

扫码看视频

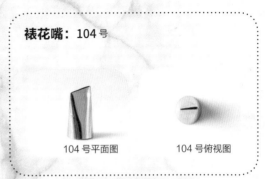

裱花嘴：104 号

104 号平面图　　　104 号俯视图

制作步骤

1. 用裱花袋盛装奶油，在花钉上挤圆球，作为花朵底座。（图 1）

2. 将 104 号花嘴口部宽头朝下窄头朝上，挤出弧形花瓣，比较短即可。
第一层做大约五片花瓣，包住花心。（图 2~ 图 5）

3. 以相同手法做第二层花瓣。第二层花瓣盖住第一层花瓣接口，但需注意花蕊位置。（图6）

4. 继续将花嘴由下向上再向下裱制，外层花瓣比内层花瓣一层比一层长、一层比一层高，交错重叠。（图7~图10）

5. 再由高到低制作最外面的三层花瓣。花嘴口部要向外打开，做出花完全开放的状态。（图11~图15）

15

16

6. 做好的毛茛花花瓣短、层次多，且层次分明，每层可直接重叠或交错重叠。（图16）

玫瑰

扫码看视频

制作步骤

1. 将 104 号花嘴口部宽头朝下窄头朝上垂直做花苞。（图 1、图 2）

2. 再倾斜角度由下向上再向下，围绕花苞做第一层第一片弧形花瓣。第二片花瓣是从第一片二分之一做起，第三片花瓣是从第二片花瓣二分之一做起，至第一片花瓣的起步点收尾。三片花瓣同一高度，组成第一层花瓣。（图 3）

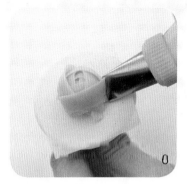

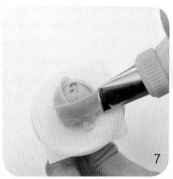

3.做第二层花瓣时，将花嘴放在第一层最后一片的二分之一处，呈90°角，由下向上再向下，直绕挤一片，作为第二层第一片花瓣。（图4、图5）

4.用同样方法做出其他花瓣，每向外一层花瓣，就比前一层花瓣长一些，花嘴要向外倾斜20°~30°角。（图6）

5.前三层花瓣高度由矮到高，第四层及后面几层的花瓣高度由高到矮。（图7~图9）

6.制作的玫瑰花，花蕊紧凑，整体花形饱满。（图10）

木棉花

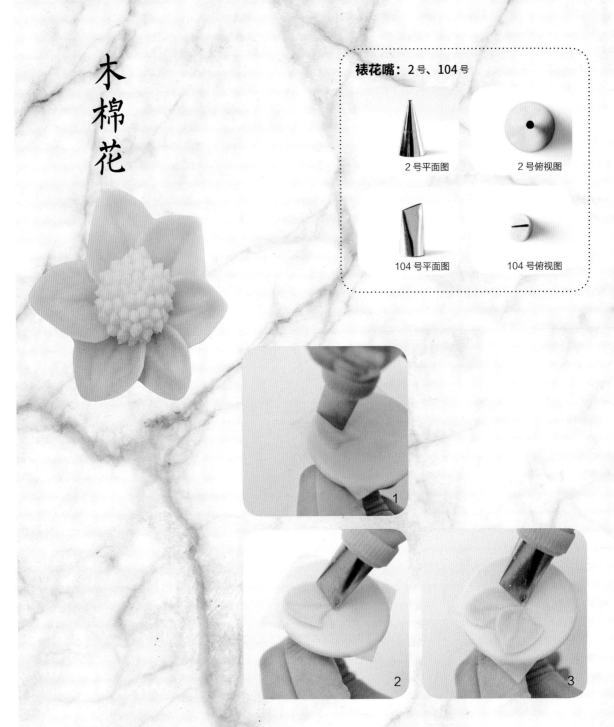

2号平面图

2号俯视图

104号平面图

104号俯视图

制作步骤

1. 将104号花嘴倾斜，由下向上，中间停顿一下，再由上向下，花嘴倾斜收口，做出上端尖、中间宽、下端尖的花瓣。（图1、图2）

2. 花嘴紧贴于第一片花瓣后端，以同样方法做出第二片花瓣。（图3）

3. 以同样方法做出其他四瓣，收尾时注意花嘴角度，偏立体。（图4）

贴士

属于平花类，花瓣呈尖状。制作花蕊是在挤圆球后再使用 2 号花嘴挤出密集的小球。

4. 在花瓣中间挤一个大约整朵花三分之一大小的白色圆球。（图 5）

5. 用 2 号圆花嘴做出黄色花蕊，且每个小花蕊比较饱满。（图 6、图 7）

6. 六片花瓣大小一致，有立体感，花蕊饱满，即完成。（图 8）

芍药花

裱花嘴：61号

61号平面图

61号俯视图

制作步骤

1. 挤一个稍微大的圆球，作为芍药花的底座。成品的形体显得更加大方。（图1）

2. 用61号花嘴做花瓣。逆时针操作，花嘴尖端向下，由下向上再向下，做出弧形花瓣。第二片盖住第一片花瓣一半位置，第一层五片花瓣包住花蕊。（图2）

3. 第二层花瓣方法相同，但花嘴角度稍微向外打开15°，需露出第一层花瓣中心位置。（图3）

4. 做第三层花瓣时，花嘴角度偏垂直，花瓣相对于前两层花瓣略长些，
花瓣层次高度比前两层略高。（图4、图5）

5. 再向外做的花瓣层次就越来越低，让花朵呈现盛开的状态。花嘴角度
越向外打开。（图6、图7）

6. 花朵最外层花瓣相对于前一层花瓣较短，从花朵侧面看花瓣层次由高
到低，从正面看，花蕊位置较低，整朵花呈圆形。（图8）

圣诞花

制作步骤

1. 在花钉上挤出约1厘米厚的底座。（图1）

2. 用352号叶子花嘴，上下抖动，拔出圣诞花瓣，一层六瓣。（图2）

3. 在第一层两片花瓣中间，以同样方法拔出第二层花瓣。（图3）

4. 第二层同样做六瓣花瓣。（图4）

5. 用黄色奶油挤出花蕊。（图5）

6. 将绿色奶油插入黄色花蕊中随意挤几个绿色小球。（图6）

7. 圣诞花完成图。（图7）

水仙花

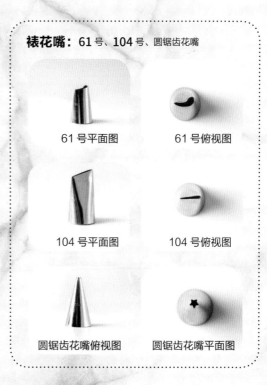

61号平面图

61号俯视图

104号平面图

104号俯视图

圆锯齿花嘴俯视图

圆锯齿花嘴平面图

制作步骤

1. 104号花嘴大头朝下倾斜于花钉，由下向上，停顿一下，再由上向下，花嘴倾斜收口，做出上端尖、中间宽、下端尖的花瓣。（图1）

2. 用同样方法做出其他六瓣花瓣，收尾时注意花嘴角度，偏立一些。（图2）

贴士

水仙花的花蕊略微有些特别，用61号花嘴挤出圆形，在最中心处加少量色粉或少量咖啡色奶油霜，然后再挤出星形花蕊。

3. 61号花嘴垂直于花蕊处，边挤奶油边转动花钉，做一圈黄色花瓣。（图3、图4）

4. 用咖啡色奶油在黄色花瓣底部上色。（图5）

5. 用小圆锯齿花嘴拔出三个五角星形，不高于黄色花瓣。（图6）

6. 做好的水仙花花瓣大小均匀。（图7）

松果

1

2

3

裱花嘴：81号

81号平面图

81号俯视图

制作步骤

1. 在花钉上挤一个小圆锥体，作为松果支撑，用81号花嘴拔出松果的外皮。（图1）

2. 松果表皮纹路是一层比一层矮，呈阶梯状。（图2）

114

贴士

松果的花瓣需从圆锥体的尖端
向下做，花瓣需短，层次分明。

3. 每向下一层，花嘴角度就打开约 15°角，最底端花嘴接近平角。(图 3、
图 4)

4. 整个松果呈圆锥体，上端尖，下端宽，层次分明。(图 5~图 7)

叶子 1

扫码看视频

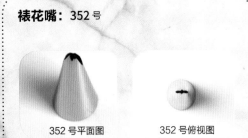

制作步骤

在花钉上放油纸，以方便叶子取下来。352 号叶子花嘴垂直于花钉，边挤奶油边上下抖动花嘴，使其出现均匀的纹路，接着向上拔出尖状即成。

（图 1~图 4）

叶子 2

裱花嘴：104号

104 号平面图

104 号俯视图

1

2

3

制作步骤

叶子颜色可提前调好，可夹色操作。花钉上放油纸，用 104 号花嘴，从
下向上再向下移动，一边挤奶油一边前后抖动，呈"U"形，使表面出现
规则的纹理。（图 1~图 6）

裱花嘴： 104 号

104 号平面图　　　　104 号俯视图

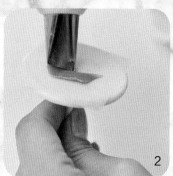

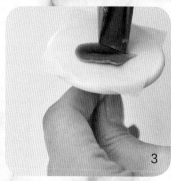

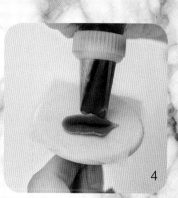

制作步骤

花钉上放油纸。将 104 号花嘴贴于花钉，花嘴以倾斜由下向上再垂直向下直拉的形式，做出叶子的三分之一。紧接着以同样的方法拉出一长一短的叶子，且三片叶子中间不断开，使其有连贯性，组成中间长两边短、有立体感的叶子。（图 1~图 9）

叶子
4

裱花嘴：104号

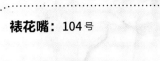

104 号平面图　　　　104 号俯视图

1

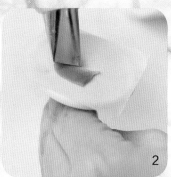

2

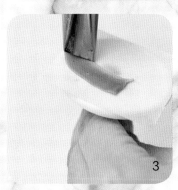

3

4

制作步骤

花钉上放油纸。将 104 号花嘴倾斜，边挤奶油边由下向上移动，中间稍微停顿一下，形成尖状，再将花嘴向下，至起始点收尾，整个叶子呈现上端尖、中间宽、下端窄的形状。（图 1~图 8）

122

狐狸

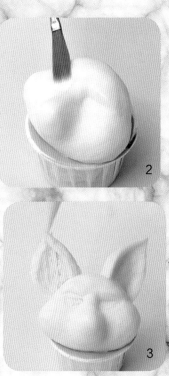

制作步骤

1. 在杯子表面，使用惠尔通 6 号花嘴挤出狐狸头部的大概轮廓，并使用细裱修饰残缺点。（图 1）

2. 使用毛笔把表面刷光滑（刷时要注意毛笔的角度，放平刷不会出现毛笔的痕迹。毛笔时刻保持干净）。（图 2）

3. 使用细裱在头顶两侧分别挤出耳朵，上耳廓线略粗，耳朵呈倾斜状。使用毛笔刷光滑。（图 3）

4. 用橙色奶油涂在狐狸的鼻梁及耳朵背面。用毛笔刷光滑。（图4）

5. 在脸部涂上淡黄色奶油，使用毛笔将表面刷光滑。在嘴巴尖端留出鼻
头位置。（图5）

6. 用黑色奶油做出鼻头，用毛笔从鼻尖处向上刷出笔触，使其与肤色形
成自然过渡。再用橙红色色素勾勒出眼眶，毛笔向下刷，形成颜色之间的
过渡。黑色细裱画出嘴角线条。（图6）

7. 使用细裱挤出眼睛，挤出眼睛高光。最后在耳朵内拔出奶油作为耳毛
即完成。（图7）

熊猫

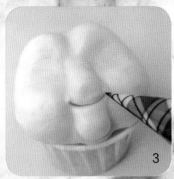

制作步骤

1. 使用圆花嘴在杯子上挤出熊猫脸部的轮廓。（图1）

2. 用毛笔把脸部刷平（刷时要注意毛笔的角度，放平刷不会出现毛笔的痕迹。毛笔时刻保持干净）。（图2）

3. 用细裱在鼻子根部吹出嘴角，再划出嘴巴的缝隙。嘴巴呈弧形。（图3）

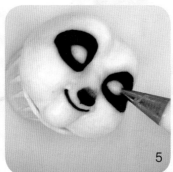

4.用黑色奶油挤上椭圆形的眼眶、三角形鼻子和弧形嘴巴，后用毛笔把表面刷光滑。（图4）

5.在黑色眼眶里挤上白色眼球。（图5）

6.用牙签在熊猫头部划出表面的毛发。（图6）

7.做出黑色眼球，加上高光点，最后在耳朵上加小花做装饰。（图7）

2 Spoonfuls Teamwork
3 Tablespoons of Challenge
And 1 Bag of Hope!

花开为伴

对称式组装

扫码看视频

春天是花的海洋。一点点微风轻抚，似乎不敢惊扰那些美丽的花儿。无意间，看到一抹绿色，在这花的海洋里衬托着花的娇媚与芳香。

130

制作步骤

1.首先准备需要的蛋糕坯，将其抹好面。可以在蛋糕表面抹上其他颜色，使蛋糕面看起来色彩更丰富。（图1~图4）

2. 在蛋糕表面用 2 号花嘴从里向外吊出所需的蕾丝线条，注意线条粗细要均匀。（图5~图7）

3. 将做好的花用剪刀和牙签辅助进行摆放。（图8）

4. 最后在组装缝隙中做出叶子和满天星进行装饰即可。（图9~图12）

等待

呼应式组装

蓝天下，微风中，阳光里，田野间，薰衣草正在悄悄述说那些浪漫的故事。 优雅的芬芳，灿烂的淡紫，含蓄中绽放着傲然，深沉中透着迷人。

制作步骤

1. 首先准备一个多层的蛋糕体，抹好面备用。（图1）

2. 从蛋糕最顶端开始组装。需要提前挤一些奶油打底，然后将花从外边缘向中间摆放。（图2）

3. 再摆放第二层。第二层以一圈形式摆放。需注意花朵方向，每朵花的中心倾斜向外。（图3、图4）

4. 下端可以摆一簇，左下角或右下角都可以，使摆放形式不重复。（图5、图6）

5. 最后做出装饰的薰衣草和叶子及小花苞。（图7）

苏醒

合围式组装

近处，小草探出了嫩绿的小脑袋，喜看雪花凋谢。你看它们虽刚破土，但仍是一撮撮、一簇簇，生机勃勃，还散发着泥土的芳香。

制作步骤

1. 首先准备一个白色方形蛋糕面，在表面均匀地撒上过筛后的可可粉做装饰。（图 1~图 3）

2. 准备剪刀和牙签，在蛋糕面上挤一小簇奶油打底作支撑，然后摆放小花装饰（图4）。组装从高到低，由聚到散摆放。在蛋糕的右下角摆上一朵花，使整个蛋糕有延伸感。（图5~图7）

3. 在花丛的缝隙中再摆放叶子点缀，使其有连贯性。最后再摆上果子装饰。（图8、图9）

淡黄色的玫瑰花看上去十分典雅、庄重，在花丛中相依相偎，宛如热恋中的情侣，将爱情诠释得完美无瑕。浓郁的芳香扑面而来，让人深深地陶醉其中。

永恒

合围式组装

制作步骤

1. 将蛋糕体整形成花瓶状，抹好面后在花瓶上做圆点图案装饰。（图1）

2. 在花瓶顶端挤一半圆形奶油打底，作为支撑。从最外边缘，以一圈的形式摆放花朵，接着在第一圈两朵中间错开摆放第二层花朵，摆满整个花瓶顶端。（图2~图4）

140

3. 在花朵缝隙间摆放叶子。叶子没有遮住的缝隙间挤绿色花苞进行装饰，然后再在花苞顶部挤白色奶油，使其形成半开的花苞状。也可以再挤更小的绿球，加上圆白点，做出满天星的效果，让整个蛋糕更丰富。（图5~图8）

采蜜

　　"游飏下晴空，寻芳到菊丛。带声来蕊上，连影在香中"。正如诗词中所描述的一般，蜜蜂从晴朗的天空中倏然而下，为寻觅芳香来到菊花丛中，带着"嗡嗡"的响声落在花蕊上，仿佛与花蕊融为一体。

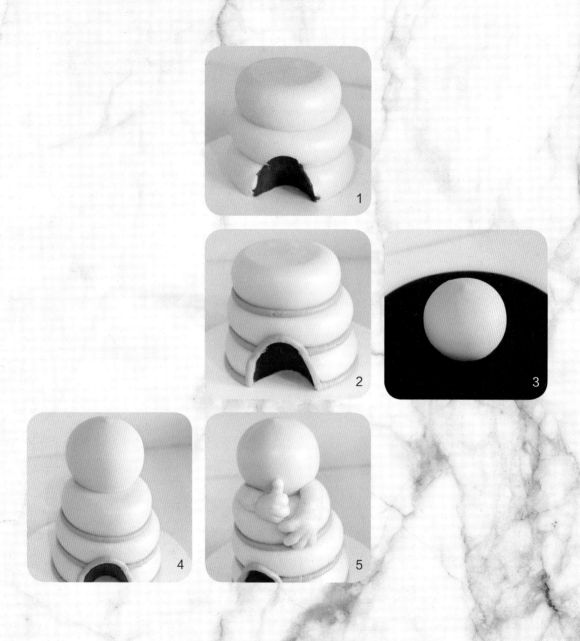

制作步骤

1. 用三个薄形圆面蛋糕从大到小组装成三层面蜂巢，在最底层蛋糕上做个小洞，将整个蛋糕体表面挤上棕色奶油进行抹面。（图1）

2. 用深黄色奶油在缝隙处拉圆圈，将缝隙围住。（图2）

3. 抹一个肉色圆球作人偶的头部（图3），放在事先抹好的三层面上（图4）。

4. 用10号花嘴做出手臂和手指，再用1号花嘴在胳膊上拔出黑色细毛。（图5）

5. 用咖啡色奶油做出头发。用锯齿花嘴以点的方式做头皮毛发，最后再以上下抖动的方法做出一缕头发。（图6）

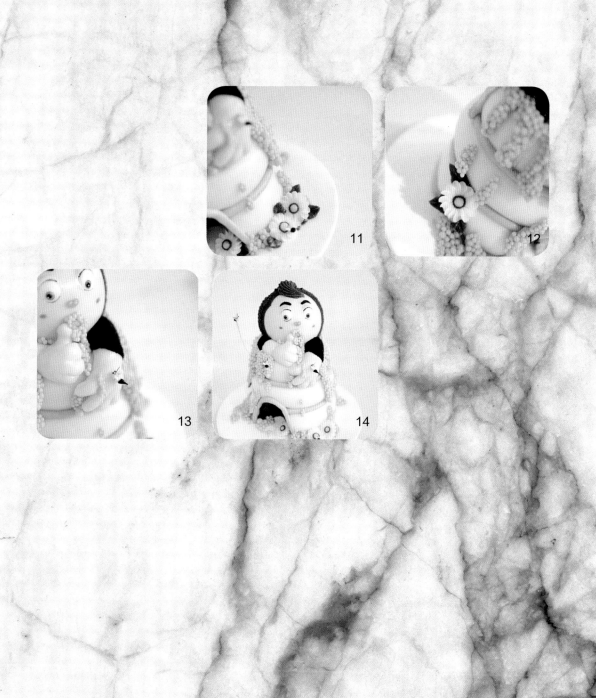

6. 做出蜜蜂的眼睛及脸部五官。（图7～图9）

7. 在头顶部分，用巧克力做出蜜蜂的两个触角，然后进行细节装饰，摆上花朵，装饰叶子及点状蜂蜜，使蛋糕更生动。（图10～图14）

春意盎然

对应式组装

扫码看视频

春姑娘提着百花篮，伴着春风，带着春雨，悄悄地来到了人间。顿时，大地上万物复苏，鸟语花香。各式各样的花儿也睡醒了，只见它们伸伸腰，抬抬头，争先恐后地纵情绽放。

制作步骤

1. 首先准备一个重油蛋糕坯，将调好色的奶油霜挤在表面及侧面，用刮刀将其抹好，可以在蛋糕表面抹上少量绿色奶油霜，使蛋糕面看起来更自然。（图1、图2）

3. 在蛋糕表面挤一圈奶油霜作为花朵的支撑。（图3）

4. 将做好的花用剪刀和牙签辅助，依次进行摆放。（图4~图7）

5. 在组装缝隙中做出叶子，在叶子底部挤少量奶油霜，作为支撑。（图 8~ 图 11）

6. 在盘子边缘摆放小花及叶子进行装饰即可。（图 12~ 图 15）

RECIPE FOR SUCCESS

OMO'S TALK

INGREDIENTS

oon of Ideas

p of Goodwill

nch of Positivity

3/4 Cup of

1 Cup

2 Spoo

3 Tables

And 1 Ba

肆

4

精美作品赏析

轻舞曼妙

配色

飘落

配色

154

盛夏花语

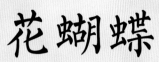

花蝴蝶

配色

暖 阳

配色

你的私语

配色

花 籃

配色

梦的点缀

配色

花 坡

花脊

礼物

配色

云·晕

配色

盒 子

配色

瓶中瑰丽

配色

配色

云的花环

轮转四季

配色

盛开与绽放

配色

配色

美丽的炫耀

心　意

配色

180

裸露的秘密

清风花海

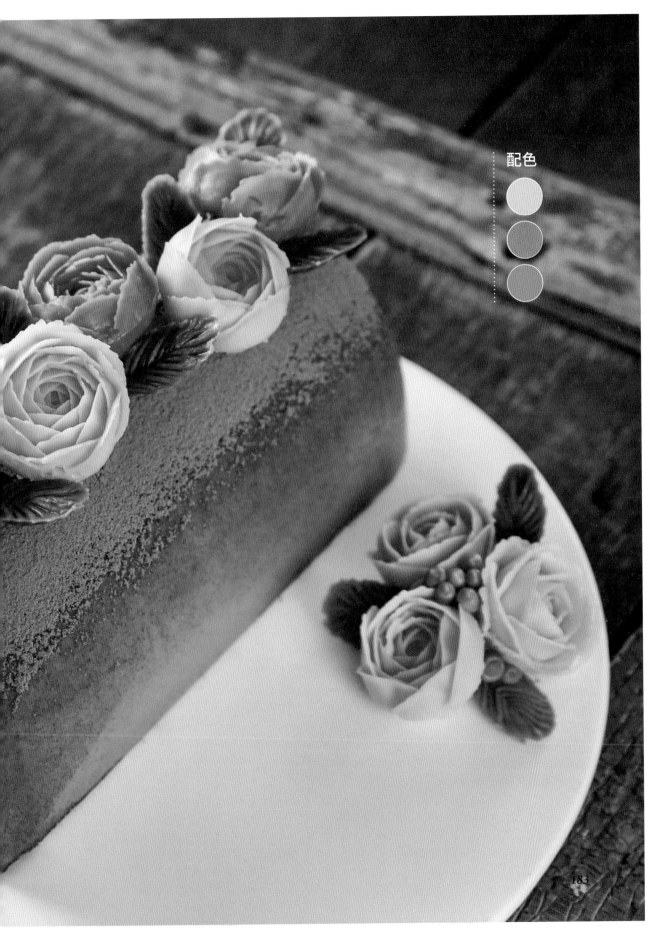

配色

调色盘

配色

粉色记忆

配色

水墨锦绣

配色

花的叮咛

配色

配色

动·静

捧花

笑脸

配色

配色

果之吻

配色

秋日的风

配色

配色

豹 子

配色

狐狸

配色

203

配色

熊猫

王森世界名厨学院

MAGIC ACADEMY WORLD

美食界的魔法学院

汇聚法、意、日
全球一流名厨师资，
培育国际高端西点职人

短期研修班
甜点/面包/巧克力/西餐/咖啡/翻糖

法式甜点研修班
一个月/三个月/六个月

地址：上海市静安区灵石路709号万灵谷花园A008
电话：021-66770255

王森国际咖啡西点西餐学院
WANGSEN INTERNATIONAL COFFEE BAKERY WESTERN-FOOD SCHOOL

韩磊
2015日本
东京蛋糕展
翻糖工艺冠军

蔡叶昭
第44届世界
技能大赛
烘焙项目冠军

王 森 国 际 咖 啡 西 点 西 餐 学 院

一所培养国际美食冠军的院校

创业班

蛋糕甜点创业班　烘焙西点创业班　法式甜点创业班　西式料理创业班　咖啡西点创业班　美国惠尔通西点创业班

留学班　　　　　　　**学历班**　　　　　　　**精英班**

日本留学班　韩国留学班　法国留学班　　三年酒店大专班　三年蛋糕甜点班　　三年世赛全能班　一个月世赛集训班

扫码关注，发送关键字"米其林"，获得
价值**1000**元的米其林大师甜品配方一份

苏州 · 北京 · 哈尔滨 · 广东 · 山东 · 上海

联系电话：4000-611-018　www.wangsen.cn

王森学院官方微信

图书在版编目（CIP）数据

玩美韩式裱花 / 王森，杨玲编著. —青岛：青岛出版社，2018.5
ISBN 978-7-5552-6989-2

Ⅰ.①玩… Ⅱ.①王… ②杨… Ⅲ.①蛋糕—糕点加工 Ⅳ.①TS213.23

中国版本图书馆CIP数据核字（2018）第091308号

书　　名	玩美韩式裱花
编　　著	王　森　杨　玲
出版发行	青岛出版社
社　　址	青岛市海尔路182号（266061）
本社网址	http://www.qdpub.com
邮购电话	13335059110　　0532-68068026
策划组稿	周鸿媛
责任编辑	徐　巍　肖　雷
装帧设计	丁文娟　叶德永　周　敏
制　　版	青岛乐喜力科技发展有限公司
印　　刷	青岛东方丰彩包装印刷有限公司
出版日期	2018年7月第1版　2018年7月第1次印刷
开　　本	16开（787mm×1092mm）
印　　张	13
字　　数	50千
印　　数	1-5000
图　　数	705幅
书　　号	ISBN 978-7-5552-6989-2
定　　价	58.00元

编校印装质量、盗版监督服务电话：4006532017　　0532-68068638